高等职业教育公共课程"十三五"规划教材

信息技术素养实训教程

魏 威 曹 瑛 主 编

姜雪茸　张鹏瑞　孙志斌　副主编

U0316928

中国铁道出版社有限公司
CHINA RAILWAY PUBLISHING HOUSE CO., LTD.

内 容 简 介

本书是《信息技术素养教程》（曹瑛、魏威主编，中国铁道出版社有限公司出版）的配套教材，可以和全国计算机等级考试一级（MS-Office）的各种教材配套使用，主要内容包括计算机基础理论实践、Windows 基本操作实训、Word 基本应用实训、PowerPoint 基本应用实训、Excel 基本应用实训和网络应用技术实训等。按照本书上机练习，学生可快速、高效地掌握全国计算机等级考试一级（MS-Office）的内容和考试操作要领，缩短学习和操作练习的时间，对学生掌握计算机基础操作具有事半功倍的作用。

本书适合作为高职院校计算机应用基础课的辅助教材，也可作为全国计算机等级考试一级（MS-Office）的上机辅导教材。

图书在版编目（CIP）数据

信息技术素养实训教程/魏威，曹瑛主编. —北京：
中国铁道出版社有限公司，2019.9
高等职业教育公共课程"十三五"规划教材
ISBN 978-7-113-26183-2

Ⅰ.①信…　Ⅱ.①魏…②曹…　Ⅲ.①电子计算机-
高等职业教育-教材　Ⅳ.①TP3

中国版本图书馆 CIP 数据核字（2019）第 185346 号

书　　名：信息技术素养实训教程				
作　　者：魏　威　曹　瑛				

策　　划：潘晨曦		编辑部电话：（010）63589185 转 2062
责任编辑：祁　云　卢　笛		
封面设计：刘　颖		
责任校对：张玉华		
责任印制：郭向伟		

出版发行：中国铁道出版社有限公司（100054，北京市西城区右安门西街 8 号）
网　　址：http://www.tdpress.com/51eds/
印　　刷：三河市宏盛印务有限公司
版　　次：2019 年 9 月第 1 版　2019 年 9 月第 1 次印刷
开　　本：787 mm×1 092 mm　1/16　印张：14　字数：355 千
书　　号：ISBN 978-7-113-26183-2
定　　价：35.00 元

前　言

　　全国计算机等级考试一级（MS-Office）是国家计算机考试中最普遍、较重实际应用的一项考试。

　　我们通过多年的教学实践，结合全国计算机等级考试一级（MS-Office）最新考试模拟题（6个模块），精选其中的主要和较难的部分试题，编写了本书。

　　本书可以和全国计算机等级考试一级（MS-Office）的各种教材配套使用，可作为参加全国计算机等级考试一级（MS-Office）的备考辅助资料，适合各大中专院校非计算机专业的学生参考学习，也适合作为各企业、事业单位中参加全国计算机等级考试一级（MS-Office）人员的备考和复习用书。本书以 Office 2010 和 Windows 7 为蓝本。通过本书的学习，学生可快速、高效地掌握全国计算机等级考试一级（MS-Office）的内容和考试操作要领，缩短学习和上机操作的时间，达到事半功倍的效果。在实际应用中，可大幅提高学生考试的及格率，帮助参加考试的学生顺利通过考试。

　　本书力求简明实用、通俗易懂、图文并茂，学生可按照书中所列举的操作实例，边看边操作，快速理解和掌握相关内容。

　　本书由魏威、曹瑛主编，姜雪茸、张鹏瑞、孙志斌任副主编。参加本书编写工作的老师有着多年高校计算机应用基础教学及全国计算机等级考试教学、辅导的经验。具体分工如下：实训 1 和实训 2 由魏威编写，实训 3 由孙志斌编写，实训 4 由姜雪茸编写，实训 5 和实训 6 由张鹏瑞编写，附录由曹瑛编写，全书由魏威和曹瑛统稿。

　　由于编者水平有限，书中难免存在疏漏与不足之处，恳请各位专家、同行和读者批评指正。

编　者

2019 年 7 月

目　录

实训 1 | 计算机基础理论实践

项目 1　计算机基础知识

【任务 1】计算机的发展。

（1）1946 年首台电子计算机 ENIAC 问世后，冯·诺依曼（John von Neumann）在研制 EDVAC 计算机时，提出两个重要的改进，它们是（　　）。

　　A. 采用二进制和存储程序控制的概念　　B. 引入 CPU 和内存储器的概念

　　C. 采用机器语言和十六进制　　　　　　D. 采用 ASCII 编码系统

解析　冯·诺依曼（John von Neumann）在研制 EDVAC 计算机时，提出把指令和数据一同存储起来，让计算机自动地执行程序。（参考答案：A）

（2）现代微型计算机中所采用的电子器件是（　　）。

　　A. 电子管　　　　　　　　　　　　　　B. 晶体管

　　C. 小规模集成电路　　　　　　　　　　D. 大规模和超大规模集成电路

解析　目前微机中所广泛采用的电子元器件是：大规模和超大规模集成电路。电子管是第一代计算机所采用的逻辑元件（1946—1958）。晶体管是第二代计算机所采用的逻辑元件（1959—1964）。小规模集成电路是第三代计算机所采用的逻辑元件（1965—1971）。大规模和超大规模集成电路是第四代计算机所采用的逻辑元件（1971 至今）。（参考答案：D）

（3）按电子计算机传统的分代方法，第一代至第四代计算机依次是（　　）。

　　A. 机械计算机，电子管计算机，晶体管计算机，集成电路计算机

　　B. 晶体管计算机，集成电路计算机，大规模集成电路计算机，光器件计算机

　　C. 电子管计算机，晶体管计算机，小、中规模集成电路计算机，大规模和超大规模集成电路计算机

　　D. 手摇机械计算机，电动机械计算机，电子管计算机，晶体管计算机

解析　第一代电子计算机的主要特点是采用电子管作为基本元件。

第二代晶体管计算机主要采用晶体管为基本元件，体积缩小、功耗降低，提高了速度和可靠性。

第三代集成电路计算机采用集成电路作为基本元件，体积减小，功耗、价格等进一步降低，而速度及可靠性则有更大的提高。

第四代是大规模和超大规模集成电路计算机。（参考答案：C）

（4）世界上第一台计算机是 1946 年美国研制成功的，该计算机的英文缩写为（　　）。

　　A. MARK–II　　　B. ENIAC　　　C. EDSAC　　　　D. EDVAC

　　解析　1946 年 2 月 15 日，第一台电子计算机 ENIAC 在美国宾夕法尼亚大学诞生了。（参考答案：B）

　　（5）世界上公认的第一台电子计算机诞生的年代是（　　）。

　　　　A．20 世纪 30 年代　B．20 世纪 40 年代　　C．20 世纪 50 年代　　D．20 世纪 60 年代

　　解析　1946 年 2 月 15 日，第一台电子计算机 ENIAC 在美国宾夕法尼亚大学诞生了。（参考答案：B）

　　（6）计算机安全是指计算机资产安全，即（　　）。

　　　　A．计算机信息系统资源不受自然有害因素的威胁和危害

　　　　B．信息资源不受自然和人为有害因素的威胁和危害

　　　　C．计算机硬件系统不受人为有害因素的威胁和危害

　　　　D．计算机信息系统资源和信息资源不受自然和人为有害因素的威胁和危害

　　解析　一般说来，安全的系统会利用一些专门的安全特性来控制对信息的访问，只有经过适当授权的人，或者以这些人的名义进行的进程可以读、写、创建和删除这些信息。中国公安部计算机管理监察司给出的定义是：计算机安全是指计算机资产安全，即计算机信息系统资源和信息资源不受自然和人为有害因素的威胁和危害。（参考答案：D）

　　（7）下列关于世界上第一台电子计算机 ENIAC 的叙述中错误的是（　　）。

　　　　A．ENIAC 是 1946 年在美国诞生的

　　　　B．它主要采用电子管和继电器

　　　　C．它首次采用存储程序和程序控制使计算机自动工作

　　　　D．它主要用于弹道计算

　　解析　世界上第一台电子计算机 ENIAC 是 1946 年在美国诞生的，它主要采用电子管和继电器，它主要用于弹道计算。（参考答案：C）

　　（8）世界上公认的第一台电子计算机诞生在（　　）。

　　　　A．中国　　　　　　B．美国　　　　　　C．英国　　　　　　D．日本

　　解析　世界上第一台电子计算机 ENIAC 是 1946 年在美国诞生的，它主要采用电子管和继电器，它主要用于弹道计算。（参考答案：B）

　　（9）第二代电子计算机的主要元件是（　　）。

　　　　A．继电器　　　　　B．晶体管　　　　　C．电子管　　　　　D．集成电路

　　解析　目前微机中所广泛采用的电子元器件是：大规模和超大规模集成电路。电子管是第一代计算机所采用的逻辑元件（1946—1958）。晶体管是第二代计算机所采用的逻辑元件（1959—1964）。小规模集成电路是第三代计算机所采用的逻辑元件（1965—1971）。大规模和超大规模集成电路是第四代计算机所采用的逻辑元件（1971 至今）。（参考答案：B）

　　【**任务 2**】计算机的特点、应用和分类。

　　（1）计算机之所以能按人们的意图自动进行工作，最直接的原因是因为采用了（　　）。

　　　　A．二进制　　　　B．高速电子元件　　C．程序设计语言　　D．存储程序控制

　　解析　计算机之所以能按人们的意志自动进行工作，就计算机的组成来看，一个完整计算机系统可有硬件系统和软件系统两部分组成，在计算机硬件中 CPU 是用来完成指令的解释与执行。存储器主要是用来完成存储功能，正是由于计算机的存储、自动解释和执行功能使得计算机能按人们的意志快速地自动完成工作。（参考答案：C）

（2）计算机网络最突出的优点是（　　）。

  A．精度高　　　　　B．容量大　　　　　C．运算速度快　　　　D．共享资源

解析　建立计算机网络的目的主要是为了实现数据通信和资源共享。（参考答案：D）

（3）办公室自动化（OA）按计算机应用的分类属于（　　）。

  A．科学计算　　　　B．辅助设计　　　　C．实时控制　　　　D．数据处理

解析　信息（数据）处理是目前计算机应用最广泛的领域之一，信息（数据）处理是指用计算机对各种形式的信息（如文字、图像、声音等）收集、存储、加工、分析和传送的过程。（参考答案：D）

（4）下列不属于计算机特点的是（　　）。

  A．存储程序控制，工作自动化　　　　　B．具有逻辑推理和判断能力

  C．处理速度快、存储量大　　　　　　　D．不可靠、故障率高

解析　计算机的主要特点表现在以下几方面：运算速度快；计算精度高；存储容量大；具有逻辑判断功能；自动化程度高，通用性强。（参考答案：D）

（5）英文缩写 CAI 的中文意思是（　　）。

  A．计算机辅助教学　B．计算机辅助制造　　C．计算机辅助设计　D．计算机辅助管理

解析　CAI 是计算机辅助教学（Computer Assisted Instruction）的缩写，是指利用计算机媒体帮助教师进行教学或利用计算机进行教学的广泛应用领域。（参考答案：A）

（6）下列的英文缩写和中文名字的对照中错误的是（　　）。

  A．CAD——计算机辅助设计　　　　　B．CAM——计算机辅助制造

  C．CIMS——计算机集成管理系统　　　D．CAI——计算机辅助教育

解析　CIMS 是英文 Computer Integrated Manufacturing Systems 的缩写，即计算机集成制造系统。（参考答案：C）

（7）计算机技术中，下列的英文缩写和中文名字的对照中正确的是（　　）。

  A．CAD——计算机辅助制造　　　　　B．CAM——计算机辅助教育

  C．CIMS——计算机集成制造系统　　　D．CAI——计算机辅助设计

解析　CAD：Computer Assistant Design，计算机辅助设计。

  CAM：Computer Aided Manufacturing，计算机辅助制造。

  CAI：Computer Aided Instruction，计算机辅助教学。（参考答案 C）

（8）电子计算机最早的应用领域是（　　）。

  A．数据处理　　　　B．科学计算　　　　C．工业控制　　　　D．文字处理

解析　世界上第一台电子计算机采用电子管作为基本元件，主要应用于数值计算领域。（参考答案：B）

（9）铁路联网售票系统属于计算机应用的（　　）。

  A．科学计算　　　　B．辅助设计　　　　C．信息处理　　　　D．实时控制

解析　信息处理是目前计算机应用最广泛的领域之一，信息处理是指用计算机对各种形式的信息（如文字、图像、声音等）收集、存储、加工、分析和传送的过程。（参考答案：C）

（10）目前的许多消费电子产品（如数码相机、数字电视机等）中都使用了不同功能的微处理器来完成特定的处理任务，计算机的这种应用属于（　　）。

  A．科学计算　　　　B．实时控制　　　　C．嵌入式系统　　　　D．辅助设计

解析　嵌入式系统是将先进的计算机技术、半导体技术、电子技术和各个行业的具体应用相结合后的产物，这一点就决定了它必然是一个技术密集、资金密集、高度分散、不断创新的知识集成系统。（参考答案：C）

（11）局域网中，提供并管理共享资源的计算机称为（　　）。

　　　A. 网桥　　　　　　B. 网关　　　　　　　C. 服务器　　　　　　D. 工作站

解析　服务器：局域网中，一种运行管理软件以控制对网络或网络资源（如磁盘驱动器、打印机等）进行访问的计算机，并能够为在网络上的计算机提供资源使其犹如工作站那样地进行操作。

工作站：是一种以个人计算机和分布式网络计算为基础，主要面向专业应用领域，具备强大的数据运算与图形、图像处理能力，为满足工程设计、动画制作、科学研究、软件开发、金融管理、信息服务、模拟仿真等专业领域而设计开发的高性能计算机。

网桥：一种在链路层实现中继，常用于连接两个或更多个局域网的网络互连设备。

网关：在采用不同体系结构或协议的网络之间进行互通时，用于提供协议转换、路由选择、数据交换等网络兼容功能的设施。（参考答案：C）

（12）数码相机里的照片可以利用计算机软件进行处理，计算机的这种应用属于（　　）。

　　　A. 图像处理　　　　B. 实时控制　　　　　C. 嵌入式系统　　　　D. 辅助设计

解析　所谓数字图像处理就是利用计算机对图像信息进行加工以满足人的视觉心理或者应用需求的行为。（参考答案：A）

（13）下列属于"计算机安全设置"的是（　　）。

　　　A. 定期备份重要数据　　　　　　　　　B. 不下载来路不明的软件及程序

　　　C. 停掉 Guest 账号　　　　　　　　　　D. 安装杀毒软件

解析　计算机安全设置包括：物理安全；停掉 Guest 账号；限制不必要的用户数量；创建两个管理员用账号；把系统 administrator 账号改名；修改共享文件的权限；使用安全密码；设置屏幕保护密码；使用 NTFS 格式分区；运行防毒软件；保障备份盘的安全；查看本地共享资源；删除共享；删除 ipc$ 空连接；关闭 139 端口；防止 rpc 漏洞；445 端口的关闭；3389 端口的关闭；4899 端口的防范；禁用服务。（参考答案：C）

（14）下列关于因特网防火墙的叙述错误的是（　　）。

　　　A. 为单位内部网络提供了安全边界

　　　B. 防止外界入侵单位内部网络

　　　C. 可以阻止来自内部的威胁与攻击

　　　D. 可以使用过滤技术在网络层对数据进行选择

解析　防火墙的缺陷包括：

① 防火墙无法阻止绕过防火墙的攻击。

② 防火墙无法阻止来自内部的威胁。

③ 防火墙无法防止病毒感染程序或文件的传输。（参考答案：C）

（15）下列计算机应用项目中属于科学计算应用领域的是（　　）。

　　　A. 人机对弈　　　　　　　　　　　　　B. 民航联网订票系统

　　　C. 气象预报　　　　　　　　　　　　　D. 数控机床

解析　科学计算主要是使用计算机进行数学方法的实现和应用。今天计算机"计算"能力的增加，推进了许多科学研究的进展，如著名的人类基因序列分析计划、人造卫星的轨道测算、天气预报等。（参考答案：C）

（16）计算机技术应用广泛，以下属于科学计算方面的是（　　）。

  A．图像信息处理 B．视频信息处理 C．火箭轨道计算 D．信息检索

解析　科学计算主要是使用计算机进行数学方法的实现和应用。今天计算机"计算"能力的增加，推进了许多科学研究的进展，如著名的人类基因序列分析计划、人造卫星的轨道测算等。（参考答案：C）

项目 2　信息的表示与存储

【**任务 1**】计算机中的数据。

（1）在计算机内部用来传送、存储、加工处理的数据或指令都是以（　　）形式进行的。

  A．十进制 B．二进制   C．八进制   D．十六进制

解析　在计算机内部用来传送、存储、加工处理的数据或指令都是以二进制形式进行的。（参考答案：B）

（2）实现音频信号数字化最核心的硬件电路是（　　）。

  A．A/D 转换器 B．D/A 转换器 C．数字编码器 D．数字解码器

解析　音频信号数字化是把模拟信号转换成数字信号，此过程称为 A/D 转换（模/数转换），它主要包括：

采样：在时间轴上对信号数字化；

量化：在幅度轴上对信号数字化；

编码：按一定格式记录采样和量化后的数字数据。

实现音频信号数字化最核心的硬件电路是 A/D 转换器。（参考答案：A）

（3）造成计算机中存储数据丢失的原因主要是（　　）。

  A．病毒侵蚀、人为窃取   B．计算机电磁辐射

  C．计算机存储器硬件损坏   D．全部

解析　造成计算机中存储数据丢失的原因主要是：病毒侵蚀、人为窃取、计算机电磁辐射、计算机存储器硬件损坏等。（参考答案：D）

【**任务 2**】计算机中数据的单位。

（1）1 GB 的准确值是（　　）。

  A．1 024×1 024 B B．1 024 KB   C．1 024 MB   D．1 000×1 000 KB

解析　在计算机中通常使用三个数据单位：位、字节和字长。

位的概念是：最小的存储单位，英文名称是 bit，常用小写 b 或 bit 表示。

用 8 位二进制数作为表示字符和数字的基本单元，英文名称是 Byte，称为字节。通常用"B"表示。

1 B（字节）=8 b（位）   1 KB（千字节）=1 024 B（字节）

1 MB（兆字节）=1 024 KB（千字节） 1 GB（吉字节）=1 024 MB（兆字节）

字长：字长又称为字或计算机字，它是计算机能并行处理的二进制数的位数。（参考答案：C）

（2）在计算机中，组成一字节的二进制位数是（　　）。

  A．1   B．2   C．4   D．8

解析　目前微型计算机的 CPU 可以处理的二进制位至少为 8 位。（参考答案：D）

（3）KB（千字节）是度量存储器容量大小的常用单位之一，1 KB 等于（　　　）。

　　　A．1 000 字节　　　B．1 024 字节　　　C．1 000 个二进制位　D．1 024 个字

解析　在计算机中通常使用三个数据单位：位、字节和字。位的概念是：最小的存储单位，英文名称是 bit，常用小写 b 或 bit 表示。用 8 位二进制数作为表示字符和数字的基本单元，英文名称是 Byte，称为字节。通常用"B"表示。

1 B（字节）=8 b（位）　　1 KB（千字节）=1 024 B（字节）

字长：又称为字或计算机字，它是计算机能并行处理的二进制数的位数。（参考答案：B）

（4）假设某台式计算机的内存储器容量为 128 MB，硬盘容量为 10 GB。硬盘的容量是内存容量的（　　　）。

　　　A．40 倍　　　　　B．60 倍　　　　　C．80 倍　　　　　D．100 倍

解析　常用的存储容量单位有：Byte（字节）、KB（千字节）、MB（兆字节）、GB（千兆字节）。它们之间的关系为：1 字节（Byte）=8 个二进制位（bits）；1 KB=1 024 B；1 MB=1 024 KB；1 GB=1 024 MB。（参考答案：C）

（5）下列不是度量存储器容量的单位是（　　　）。

　　　A．KB　　　　　　B．MB　　　　　　C．GHz　　　　　　D．GB

解析　常用的存储容量单位有：Byte（字节）、KB（千字节）、MB（兆字节）、GB（千兆字节）。它们之间的关系为：1 字节（Byte）=8 个二进制位（bits）；1 KB=1 024 B；1 MB=1 024 KB；1 GB=1 024 MB。（参考答案：C）

（6）假设某台式计算机的内存储器容量为 256 MB，硬盘容量为 40 GB。硬盘的容量是内存容量的（　　　）。

　　　A．200 倍　　　　　B．160 倍　　　　　C．120 倍　　　　　D．100 倍

解析　常用的存储容量单位有：Byte（字节）、KB（千字节）、MB（兆字节）、GB（千兆字节）。它们之间的关系为：1 字节（Byte）=8 个二进制位（bits）；1 KB=1 024 B；1 MB=1 024 KB；1 GB=1 024 MB。（参考答案：B）

（7）下列度量单位中用来度量计算机外围设备数据传输速率的是（　　　）。

　　　A．MB/s　　　　　B．MIPS　　　　　C．GHz　　　　　　D．MB

解析　用来度量计算机外围设备数据传输速率的单位是 MB/s。MB/s 的含义是兆字节每秒，是指每秒传输的字节数量。（参考答案：A）

（8）下列度量单位中用来度量计算机网络数据传输速率（比特率）的是（　　　）。

　　　A．MB/s　　　　　B．MIPS　　　　　C．GHz　　　　　　D．Mbit/s

解析　在数字信道中，以数据传输速率（比特率）表示信道的传输能力，即每秒传输的二进制位数（bit/s），单位为：bit/s、Kbit/s、Mbit/s 和 Gbit/s。（参考答案：D）

（9）下列叙述中正确的是（　　　）。

　　　A．字长为 16 位表示这台计算机最大能计算一个 16 位的十进制数

　　　B．字长为 16 位表示这台计算机的 CPU 一次能处理 16 位二进制数

　　　C．运算器只能进行算术运算

　　　D．SRAM 的集成度高于 DRAM

解析　字长是指计算机运算部件一次能同时处理的二进制数据的位数；运算器主要对二进制数码进行算术运算或逻辑运算；SRAM 的集成度低于 DRAM。（参考答案：B）

（10）字长是 CPU 的主要技术性能指标之一，它表示的是（　　）。

    A．CPU 的计算结果的有效数字长度　　　B．CPU 一次能处理二进制数据的位数

    C．CPU 能表示的最大的有效数字位数　　D．CPU 能表示的十进制整数的位数

解析　字长是计算机运算部件一次能同时处理的二进制数据的位数。（参考答案：B）

（11）在计算机的硬件技术中，构成存储器的最小单位是（　　）。

    A．字节（Byte）　　　　　　　　　　　B．二进制位（bit）

    C．字（Word）　　　　　　　　　　　　D．双字（Double Word）

解析　一个二进制位（bit）是构成存储器的最小单位。（参考答案：B）

（12）计算机技术中，下列度量存储器容量的单位中最大的单位是（　　）。

    A．KB　　　　　　B．MB　　　　　　C．Byte　　　　　　D．GB

解析　存储器的容量单位从小到大为 Byte、KB、MB、GB。（参考答案：D）

（13）1 KB 的准确值是（　　）。

    A．1 024 Bytes　　　B．1 000 Bytes　　　C．1 024 bits　　　D．1 000 bits

解析　常用的存储容量单位有：字节（Byte）、KB（千字节）、MB（兆字节）、GB（千兆字节）。它们之间的关系为：1 字节（Byte）=8 个二进制位（bits）；1 KB=1 024 B；1 MB=1 024 KB；1 GB=1 024 MB。（参考答案：A）

（14）20 GB 的硬盘表示容量约为（　　）。

    A．20 亿个字节　　B．20 亿个二进制位　　C．200 亿个字节　　D．200 亿个二进制位

解析　20 GB=20×1 024 MB=20×1 024×1 024 KB=20×1 024×1 024×1 024 B=21 474 836 480 B，所以 20 GB 的硬盘表示容量约为 200 亿个字节。（参考答案：C）

（15）计算机字长是（　　）。

    A．处理器处理数据的宽度　　　　　　　B．存储一个字符的位数

    C．屏幕一行显示字符的个数　　　　　　D．存储一个汉字的位数

解析　字长是指计算机部件一次能同时处理的二进制数据的位数。目前普遍使用的 Intel 和 AMD 微处理器的微机大多支持 32 位字长，也有支持 64 位的，这意味着该类型的机器可以并行处理 32 位或 64 位二进制数的算术运算和逻辑运算。（参考答案：A）

【任务 3】进位计数制及其转换。

（1）十进制数 18 转换成二进制数是（　　）。

    A．010101　　　　　B．101000　　　　　C．010010　　　　　D．001010

解析　数制又称计数制，是指用同一组固定的字符和统一的规则来表示数值的方法。十进制（自然语言中）通常用 0～9 来表示，二进制（计算机中）用 0 和 1 表示，八进制用 0～7 表示，十六进制用 0～9.A～F 表示。

① 十进制整数转换成二进制（八进制、十六进制），转换方法：用十进制余数除以二（八、十六）进制数，第一次得到的余数为最低位，最后一次得到的余数为最高位。

② 二（八、十六）进制整数转换成十进制整数，转换方法：将二（八、十六）进制数按权展开，求累加和便可得到相应的十进制数。

③ 二进制与八进制或十六进制数之间的转换。

二进制与八进制之间的转换方法：3 位二进制数可转换为 1 位八进制数，1 位八进制数可转换为 3 位二进制数。

二进制数与十六进制之间的转换方法：4 位二进制数可转换为 1 位十六进制数，1 位十六进制数可转换为 4 位二进制数。

$$18/2=9\cdots\cdots0$$
$$9/2=4\cdots\cdots1$$
$$4/2=2\cdots\cdots0$$
$$2/2=1\cdots\cdots0$$
$$1/2=0\cdots\cdots1$$

转换后的二进制数为 010010。（参考答案：C）

（2）十进制整数 127 转换为二进制整数等于（   ）。

    A．1010000   B．0001000   C．1111111   D．1011000

解析　把一个十进制数转换成等值的二进制数，需要对整数部分和小数部分别进行转换。十进制整数转换为二进制整数，十进制小数转换为二进制小数。

① 整数部分的转换。十进制整数转换成二进制整数，通常采用除 2 取余法。就是将已知十进制数反复除以 2，在每次相除之后，若余数为 1，则对应于二进制数的相应位为 1；否则为 0。首次除法得到的余数是二进制数的最低位，最末一次除法得到的余数是二进制的最高位。

② 小数部分的转换。十进制纯小数转换成二进制小数，通常采用乘 2 取整法。所谓乘 2 取整法，就是将已知的十进制纯小数反复乘以 2，每次乘 2 以后，所得新数的整数部分若为 1，则二进制纯小数的相应位为 1；若整数部分为 0，则相应部分为 0。从高位到低位逐次进行，直到满足精度要求或乘 2 后的小数部分是 0 为止。第一次乘 2 所得的整数记为 R_1，最后一次为 R_M，转换后的二进制纯小数为：$R_1R_2R_3\cdots\cdots R_M$。

$$127/2=63\cdots\cdots1$$
$$63/2=31\cdots\cdots1$$
$$31/2=15\cdots\cdots1$$
$$15/2=7\cdots\cdots1$$
$$7/2=3\cdots\cdots1$$
$$3/2=1\cdots\cdots1$$
$$1/2=0\cdots\cdots1$$

转换后的二进制数为 1111111。（参考答案：C）

（3）用 8 位二进制数能表示的最大的无符号整数等于十进制整数（   ）。

    A．255   B．256   C．128   D．127

解析　用 8 个二进制位表示无符号数最大为 11111111，即 $2^8-1=255$。（参考答案：A）

（4）十进制整数 64 转换为二进制整数等于（   ）。

    A．1100000   B．1000000   C．1000100   D．1000010

解析　$64/2=32\cdots\cdots0$
$$32/2=16\cdots\cdots0$$
$$16/2=8\cdots\cdots0$$
$$8/2=4\cdots\cdots0$$
$$4/2=2\cdots\cdots0$$
$$2/2=1\cdots\cdots0$$
$$1/2=0\cdots\cdots1$$

转换后的二进制数为 1000000。（参考答案：B）

（5）如果在一个非零无符号二进制整数之后添加一个 0，则此数的值为原数的（　　）。

  A．4 倍   B．2 倍   C．1/2   D．1/4

解析 非零无符号二进制整数之后添加一个 0，相当于向左移动了一位，也就是原来的数扩大了 2 倍。向右移动一位相当于原来的数缩小了 1/2。（参考答案：B）

（6）一个字长为 6 位的无符号二进制数能表示的十进制数值范围是（　　）。

  A．0～64   B．0～63   C．1～64   D．1～63

解析 一个字长为 6 位的无符号二进制数能表示的十进制数值范围是 0～63。（参考答案：B）

（7）十进制数 100 转换成无符号二进制整数是（　　）。

  A．110101   B．1101000   C．1100100   D．1100110

解析 $100/2=50\cdots\cdots0$

     $50/2=25\cdots\cdots0$

      $25/2=12\cdots\cdots1$

       $12/2=6\cdots\cdots0$

        $6/2=3\cdots\cdots0$

         $3/2=1\cdots\cdots1$

          $1/2=0\cdots\cdots1$

转换后的二进制数为 1100100。（参考答案：C）

（8）设任意一个十进制整数为 D，转换成二进制数为 B。根据数制的概念，下列叙述中正确的是（　　）。

  A．数字 B 的位数<数字 D 的位数   B．数字 B 的位数≤数字 D 的位数

  C．数字 B 的位数≥数字 D 的位数   D．数字 B 的位数>数字 D 的位数

解析 二进制数中出现的数字字符只有两个：0 和 1。每一位计数的原则为"逢二进一"。当 D>1 时，其相对应的 B 的位数必多于 D 的位数；当 D=0,1 时，则 B=D 的位数。（参考答案：C）

（9）按照数的进位制概念，下列各个数中正确的八进制数是（　　）。

  A．1101   B．7081   C．1109   D．B03A

解析 八进制是用 0～7 的字符来表示数值的方法。（参考答案：A）

（10）如果删除一个非零无符号二进制数尾部的两个 0，则此数的值为原数的（　　）。

  A．4 倍   B．2 倍   C．1/2   D．1/4

解析 非零无符号二进制整数之后添加一个 0，相当于向左移动了一位，也就是原来的数扩大了 2 倍。在一个非零无符号二进制整数之后去掉一个 0，相当于向右移动一位，也就变为原数的 1/2。（参考答案：D）

（11）十进制数 121 转换成无符号二进制整数是（　　）。

  A．1111001   B．111001   C．1001111   D．100111

解析 $121/2=60\cdots\cdots1$

     $60/2=30\cdots\cdots0$

      $30/2=15\cdots\cdots0$

       $15/2=7\cdots\cdots1$

        $7/2=3\cdots\cdots1$

$$3/2=1\cdots\cdots1$$
$$1/2=0\cdots\cdots1$$

转换后的无符号二进制整数是 1111001。（参考答案：A）

（12）十进制数 29 转换成无符号二进制数等于（　　）。

    A. 11111　　　　　B. 11101　　　　　C. 11001　　　　　D. 11011

解析　　$29/2=14\cdots\cdots1$

$$14/2=7\cdots\cdots0$$
$$7/2=3\cdots\cdots1$$
$$3/2=1\cdots\cdots1$$
$$1/2=0\cdots\cdots1$$

转换后的二进制数为 11101。（参考答案：B）

（13）十进制数 32 转换成无符号二进制整数是（　　）。

    A. 100000　　　　B. 100100　　　　C. 100010　　　　D. 101000

解析　　$32/2=16\cdots\cdots0$

$$16/2=8\cdots\cdots0$$
$$8/2=4\cdots\cdots0$$
$$4/2=2\cdots\cdots0$$
$$2/2=1\cdots\cdots0$$
$$1/2=0\cdots\cdots1$$

转换后的二进制数为 100000。（参考答案：A）

（14）十进制数 60 转换成无符号二进制整数是（　　）。

    A. 111100　　　　B. 111010　　　　C. 111000　　　　D. 110110

解析　　$60/2=30\cdots\cdots0$

$$30/2=15\cdots\cdots0$$
$$15/2=7\cdots\cdots1$$
$$7/2=3\cdots\cdots1$$
$$3/2=1\cdots\cdots1$$
$$1/2=0\cdots\cdots1$$

转换后的二进制数为 111100。（参考答案：A）

（15）十进制数 59 转换成无符号二进制整数是（　　）。

    A. 111101　　　　B. 111011　　　　C. 110101　　　　D. 111111

解析　　$59/2=29\cdots\cdots1$

$$29/2=14\cdots\cdots1$$
$$14/2=7\cdots\cdots0$$
$$7/2=3\cdots\cdots1$$
$$3/2=1\cdots\cdots1$$
$$1/2=0\cdots\cdots1$$

转换后的二进制数为 111011。（参考答案：B）

（16）无符号二进制整数 111111 转换成十进制数是（　　）。

    A．71　　　　　　B．65　　　　　　　C．63　　　　　　　D．62

解析　非十进制数转换成十进制数的方法是：把各个非十进制数按权展开求和即可。即把二进制数写成 2 的各次幂之和的形式，然后计算其结果。（111111）B=$1\times2^5+1\times2^4+1\times2^3+1\times2^2+1\times2^1+1\times2^0$=63（D）。（参考答案：C）

（17）在数制的转换中，下列叙述中正确的是（　　）。

    A．对于相同的十进制正整数，随着基数 R 的增大，转换结果的位数小于或等于原数据的位数

    B．对于相同的十进制正整数，随着基数 R 的增大，转换结果的位数大于或等于原数据的位数

    C．不同数制的数字符是各不相同的，没有一个数字符是一样的

    D．对于同一个整数值的二进制数表示的位数一定大于十进制数字的位数

解析　数制又称计数制，是指用同一组固定的字符和统一的规则来表示数值的方法。十进制（自然语言中）通常用 0～9 来表示，二进制（计算机中）用 0 和 1 表示，八进制用 0～7 表示，十六进制用 0～9、A～F 表示。

① 十进制整数转换成二进制（八进制、十六进制），转换方法：用十进制余数除以二（八、十六）进制数，第一次得到的余数为最低位，最后一次得到的余数为最高位。

② 二（八、十六）进制整数转换成十进制整数，转换方法：将二（八、十六）进制数按权展开，求累加和便可得到相应的十进制数。

③ 二进制与八进制或十六进制数之间的转换。

二进制与八进制之间的转换方法：3 位二进制数可转换为 1 位八进制数，1 位八进制数可转换为 3 位二进制数。

二进制数与十六进制之间的转换方法：4 位二进制数可转换为 1 位十六进制数，1 位十六进制数可转换为 4 位二进制数。（参考答案：A）

（18）在下列不同进制的四个数中最小的一个数是（　　）。

    A．11011001（二进制）　　　　　　　B．75（十进制）

    C．37（八进制）　　　　　　　　　　D．2A（十六进制）

解析　做此类型的题可以把不同的进制数转换为同一种进制数来进行比较，由于十进制数是自然语言的表示方法，大多把不同的进制转换为十进制。就本题而言，选项 A 可以根据二进制转换十进制的方法进行转换即 $1\times2^7+1\times2^6+0\times2^5+1\times2^4+1\times2^3+0\times2^2+0\times2^1+1\times2^0$=217；选项 C 可以先转换成二进制，再由二进制转换成十进制，也可以由八进制直接转换成十进制即 $3\times8^1+7\times8^0$=31；同理十六进制也可用同样的方法进行转换即 $2\times16^1+A\times16^0$=42，从而比较 217>75>42>31，最小的一个数为 37（八进制）。（参考答案：C）

【任务 4】字符的编码。

（1）在标准 ASCII 码表中，已知英文字母 A 的 ASCII 码是 01000001，则英文字母 E 的 ASCII 码是（　　）。

    A．01000011　　B．01000100　　　　C．01000101　　　D．01000010

解析　ASCII 码本是二进制代码，而 ASCII 码表的排列顺序是十进制数，包括英文小写字母、英文大写字母、各种标点符号及专用符号、功能符等。字符 E 的 ASCII 码是 01000001+100（4）

=01000101。（参考答案：C）

（2）存储一个 48×48 点阵的汉字字形码需要的字节数是（　　）。

    A．384　　　　　　B．144　　　　　　C．256　　　　　　D．288

解析　汉字字库是由所有汉字的字模信息构成的。一个汉字字模信息占若干字节，究竟占多少字节由汉字的字形决定。例如，48×48 点阵字一个字占（48×48）个点，1 字节占 8 个点，所以 48×48 点阵字一个字就占 288（6×48）字节。（参考答案：D）

（3）下列字符中 ASCII 码值最大的一个是（　　）。

    A．9　　　　　　　B．Q　　　　　　　C．d　　　　　　　D．F

解析　ASCII 码是世界公认的标准符号的信息码，7 位版的 ASCII 码共有 2^7=128 个字符。其中，0 的 ASCII 码值是 30H；A~Z 的 ASCII 码值是 41H~5AH；a~z 的 ASCII 码值是 61H~7AH；空字符为 0。（参考答案：C）

（4）已知英文字母 m 的 ASCII 码值为 6DH，那么 ASCII 码值为 71H 的英文字母是（　　）。

    A．M　　　　　　　B．j　　　　　　　C．P　　　　　　　D．q

解析　m 的 ASCII 码值为 6DH，6DH 为十六进制，（在进制中最后一位 B 代表的是二进制数，同理 D 表示的是十进制数，O 表示的是八进制数，H 表示的是十六进制数），用十进制表示为 6×16+13=109。（D 在十进制中为 13），q 的 ASCII 码值在 m 的后面 4 位，即是 113，对应转换为十六进制 71H。（参考答案：D）

（5）一个字长为 8 位的无符号二进制整数能表示的十进制数值范围是（　　）。

    A．0~256　　　　　B．0~255　　　　　C．1~256　　　　　D．1~255

解析　二进制是计算机使用的语言，十进制是自然语言。为了书写和检查方便使用八进制或十六进制来表示，一个字长为 8 位的二进制整数可以用十进制数值范围是 0~255。（参考答案：B）

（6）标准的 ASCII 码用 7 位二进制位表示，可表示不同的编码个数是（　　）。

    A．127　　　　　　B．128　　　　　　C．255　　　　　　D．256

解析　ASCII 码是美国国家信息标准码，用 7 位二进制数来表示一个字符的编码，所以总共可以表示 128 个不同的字符。（参考答案：B）

（7）在微机中，西文字符所采用的编码是（　　）。

    A．EBCDIC 码　　B．ASCII 码　　　　C．国标码　　　　　D．BCD 码

解析　西文字符所有的编码是 ASCII 码。它是以 7 位二进制位来表示一个字符的。（参考答案：B）

（8）汉字国标码（GB 2312—1980）把汉字分成（　　）。

    A．简化字和繁体字两个等级

    B．一级汉字、二级汉字和三级汉字三个等级

    C．一级常用汉字、二级次常用汉字两个等级

    D．常用字、次常用字、罕见字三个等级

解析　为了适应汉字信息交换的需要，我国于 1980 年制定了国家标准的 GB 2312—1980，即国标码。国标码中包含 6 763 个汉字和 682 个非汉字的图形符号，其中常用的一级汉字 3 755 个和二级汉字 3 008 个，一级汉字按字母顺序排列，二级汉字按部首顺序排列。（参考答案：C）

（9）一个汉字的国标码需用 2 字节存储，其每个字节的最高二进制位的值分别为（　　）。

    A．0，0　　　　　　B．1，0　　　　　　C．0，1　　　　　　D．1，1

解析　汉字机内码是计算机系统内部处理和存储汉字的代码，国家标准是汉字信息交换的标

准编码，但因其前后字节的最高位均为 0，易与 ASCII 码混淆。因此汉字的机内码采用变形国家标准码，以解决与 ASCII 码冲突的问题。将国家标准编码的两个字节中的最高位改为 1 即为汉字输入机内码。（参考答案：A）

（10）一个字长为 5 位的无符号二进制数能表示的十进制数值范围是（　　　）。

    A．1～32   B．0～31   C．1～31   D．0～32

解析　5 位无符号二进制数可以从最小的 00000 至最大的 11111，即最大为 $2^5-1=31$。（参考答案：B）

（11）下列字符中 ASCII 码值最大的一个是（　　　）。

    A．Z   B．9   C．空格字符   D．a

解析　Z 的 ASCII 码值是 90，9 的 ASCII 码值是 57，空格的 ASCII 码值是 32，a 的 ASCII 码值是 97，故 D 选项的 ASCII 码值最大。（参考答案：D）

（12）存储 1 024 个 24×24 点阵的汉字字形码需要的字节数是（　　　）。

    A．720 B   B．72 KB   C．7 000 B   D．7 200 B

解析　24×24 点阵表示在一个 24×24 的网格中用点描出一个汉字，整个网格分为 24 行 24 列，每个小格用 1 位二进制编码表示，从上到下，每一行需要 24 个二进制位，占 3 字节，故用 24×24 点阵描述整个汉字的字形需要 24×3=72 字节的存储空间。存储 1 024 个汉字字形需要 72 千字节的存储空间（1 024×72 B/1 KB=72 KB）。（参考答案：B）

（13）下列字符中 ASCII 码值最小的一个是（　　　）。

    A．9   B．p   C．Z   D．a

解析　数字的 ASCII 码值从 0～9 依次增大，其后是大写字母，其 ASCII 码值从 A～Z 依次增大，再后面是小写字母，其 ASCII 码值从 a～z 依次增大。（参考答案：A）

（14）下列关于 ASCII 编码的叙述中正确的是（　　　）。

    A．一个字符的标准 ASCII 码占一字节，其最高二进制位总为 1

    B．所有大写英文字母的 ASCII 码值都小于小写英文字母 a 的 ASCII 码值

    C．所有大写英文字母的 ASCII 码值都大于小写英文字母 a 的 ASCII 码值

    D．标准 ASCII 码表有 256 个不同的字符编码

解析　ASCII 码是美国标准信息交换码，被国际标准化组织指定为国际标准。国际通用的 7 位 ASCII 码是用 7 位二进制数表示 1 个字符的编码，其编码范围为 0000000B～1111111B，共有 $2^7=128$ 个不同的编码值，相应可以表示 128 个不同字符的编码。计算机内部用 1 字节（8 位二进制位）存放 1 个 7 位 ASCII 码，最高位置 0。

7 位 ASCII 码表中对大、小写英文字母，阿拉伯数字，标点符号及控制符等特殊符号规定了编码。其中，小写字母的 ASCII 码值大于大写字母的 ASCII 码值。（参考答案：B）

（15）下列叙述中正确的是（　　　）。

    A．一个字符的标准 ASCII 码占一字节的存储量，其最高位二进制总为 0

    B．大写英文字母的 ASCII 码值大于小写英文字母的 ASCII 码值

    C．同一个英文字母（如 A）的 ASCII 码和它在汉字系统下的全角内码是相同的

    D．标准 ASCII 码表的每一个 ASCII 码都能在屏幕上显示成一个相应的字符

解析　ASCII 码是美国标准信息交换码，被国际标准化组织指定为国际标准。国际通用的 7 位 ASCII 码是用 7 位二进制数表示 1 个字符的编码，其编码范围为 0000000B～1111111B，共有

$2^7=128$ 个不同的编码值，相应可以表示 128 个不同字符的编码。计算机内部用 1 字节（8 位二进制位）存放 1 个 7 位 ASCII 码，最高位置 0。

7 位 ASCII 码表中对大、小写英文字母，阿拉伯数字，标点符号及控制符等特殊符号规定了编码。其中，小写字母的 ASCII 码值大于大写字母的值。

一个英文字符的 ASCII 码即为它的内码，而对于汉字系统，ASCII 码与内码并不是同一个值。（参考答案：A）

（16）在标准 ASCII 码表中，英文字母 a 和 A 的码值之差的十进制值是（ ）。

    A. 20　　　　　　B. 32　　　　　　　C. −20　　　　　　　D. −32

解析　在标准 ASCII 码表中，英文字母 a 的 ASCII 码值是 97；A 的 ASCII 码值是 65。两者的差值为 32。（参考答案：B）

（17）在标准 ASCII 码表中，已知英文字母 A 的十进制码值是 65，英文字母 a 的 ASCII 码值是（ ）。

    A. 95　　　　　　B. 96　　　　　　　C. 97　　　　　　　D. 91

解析　ASCII 码本是二进制代码，而 ASCII 码表的排列顺序是十进制数，包括英文小写字母、英文大写字母、各种标点符号及专用符号、功能符等。字符 a 的 ASCII 码值是 65+32=97。（参考答案：C）

（18）下列字符中 ASCII 码值最小的一个是（ ）。

    A. 空格字符　　　B. 0　　　　　　　C. A　　　　　　　D. a

解析　空格的 ASCII 码值是 32；0 的 ASCII 码值是 48；A 的 ASCII 码值是 65；a 的 ASCII 码值是 97，故 A 选项的 ASCII 码值最小。（参考答案：A）

（19）在计算机中，对汉字进行传输、处理和存储时使用汉字的（ ）。

    A. 字形码　　　　B. 国标码　　　　　C. 输入码　　　　　D. 机内码

解析　汉字机内码是为在计算机内部对汉字进行存储、处理和传输的汉字代码，它应能满足存储、处理和传输的要求。（参考答案：D）

（20）下列 4 个 4 位十进制数中属于正确的汉字区位码的是（ ）。

    A. 5 601　　　　　B. 9 596　　　　　C. 9 678　　　　　D. 8 799

解析　为避开 ASCII 码表中的控制码，将 GB 2312—1980 中的 6 763 个汉字分为 94 行、94 列，代码表分为 94 个区（行）和 94 个位（列）。由区号（行号）和位号（列号）构成了区位码。区位码最多可表示 94×94=8 836 个汉字。区位码由 4 位十进制数字组成，前两位为区号，后两位为位号。在区位码中，01～09 区为特殊字符，10～55 区为一级汉字，56～87 为二级汉字。选项 A（即 5 601）位于第 56 行、第 01 列，属于汉字区位码的范围内，其他选项不在其中。（参考答案：A）

（21）已知三个字符为 a、Z 和 8，按它们的 ASCII 码值升序排序，结果是（ ）。

    A. 8, a, Z　　　　B. a, 8, Z　　　　　C. a, Z, 8　　　　　D. 8, Z, a

解析　a 的 ASCII 码值为 97，Z 的 ASCII 码值为 90，8 的 ASCII 码值为 56。（参考答案：D）

（22）区位码输入法的最大优点是（ ）。

    A. 只用数码输入，方法简单、容易记忆　B. 易记易用

    C. 一字一码，无重码　　　　　　　　　D. 编码有规律，不易忘记

解析　实际上，区位码也是一种输入法，其最大优点是一字一码的无重码输入法，最大的缺点是难以记忆。（参考答案：C）

（23）在 ASCII 码表中，根据码值由小到大的排列顺序是（　　）。

    A. 空格字符、数字、大写英文字母、小写英文字母

    B. 数字、空格字符、大写英文字母、小写英文字母

    C. 空格字符、数字、小写英文字母、大写英文字母

    D. 数字、大写英文字母、小写英文字母、空格字符

解析　在 ASCII 码表中，ASCII 码值从小到大的排列顺序是空格字符、数字、大写英文字母、小写英文字母。（参考答案：A）

（24）字长为 7 位的无符号二进制整数能表示的十进制整数的数值范围是（　　）。

    A. 0～128　　　　B. 0～255　　　　C. 0～127　　　　D. 1～127

解析　二进制是计算机使用的语言，十进制是自然语言。为了书写和检查的方便使用八进制或十六进制来表示，一个字长为 7 位的无符号二进制整数能表示的十进制数值范围是 0～127。（参考答案：C）

（25）根据汉字国标 GB 2312—1980 的规定，一个汉字的机内码码长为（　　）。

    A. 8 bits　　　　B. 12 bits　　　　C. 16 bits　　　　D. 24 bits

解析　机内码是指汉字在计算机中的编码，汉字的机内码占 2 字节，分别称为机内码的高位与低位。（参考答案：C）

（26）在标准 ASCII 码表中，已知英文字母 K 的十六进制码值是 4B，则二进制 ASCII 码 1001000 对应的字符是（　　）。

    A. G　　　　B. H　　　　C. I　　　　D. J

解析　ASCII 码本是二进制代码，而 ASCII 码表的排列顺序是十进制数，包括英文小写字母、英文大写字母、各种标点符号及专用符号、功能符等。字母 K 的十六进制码值 4B 转换为二进制 ASCII 码值为 1001011，而 1001000=1001011−011（3），比字母 K 的 ASCII 码值小 3 的是字母 H，因此，二进制 ASCII 码 1001000 对应的字符是 H。（参考答案 B）

（27）下列关于字符大小关系的说法中正确的是（　　）。

    A. 空格>a>A　　B. 空格>A>a　　C. a>A>空格　　D. A>a>空格

解析　a 的 ASCII 码值是 97，A 的 ASCII 码值是 65，空格的 ASCII 码值是 32，故 a>A>空格。（参考答案：C）

（28）在标准 ASCII 码表中，已知英文字母 D 的 ASCII 码是 68，英文字母 A 的 ASCII 码是（　　）。

    A. 64　　　　B. 65　　　　C. 96　　　　D. 97

解析　ASCII 码本是二进制代码，而 ASCII 码表的排列顺序是十进制数排列，包括英文小写字母、英文大写字母、各种标点符号及专用符号、功能符等。字符 A 的 ASCII 码值是 68−3=65。（参考答案：B）

（29）一个字符的标准 ASCII 码的长度是（　　）。

    A. 7 bits　　　　B. 8 bits　　　　C. 16 bits　　　　D. 6 bits

解析　ASCII 码是美国标准信息交换码，用 7 位二进制数来表示一个字符的编码。（参考答案：A）

（30）在标准 ASCII 码表中，已知英文字母 A 的 ASCII 码是 01000001，英文字母 D 的 ASCII 码是（　　）。

    A. 01000011　　　B. 01000100　　　C. 01000101　　　D. 01000110

解析 ASCII 码本是二进制代码，而 ASCII 码表的排列顺序是十进制数，包括英文小写字母、英文大写字母、各种标点符号及专用符号、功能符等。字符 D 的 ASCII 码是 01000001＋11（3）=01000100。（参考答案：B）

（31）在标准 ASCII 编码表中，数字、小写英文字母和大写英文字母的前后次序是（　　）。

    A. 数字、小写英文字母、大写英文字母　B. 小写英文字母、大写英文字母、数字

    C. 数字、大写英文字母、小写英文字母　D. 大写英文字母、小写英文字母、数字

解析 在标准 ASCII 编码表中，数字、大写英文字母、小写英文字母数值依次增加。（参考答案：C）

（32）汉字的区位码由区号和位号组成，其区号和位号的范围分别为（　　）。

    A. 区号 1～95，位号 1～95　　　　　　B. 区号 1～94，位号 1～94

    C. 区号 0～94，位号 0～94　　　　　　D. 区号 0～95，位号 0～95

解析 标准的汉字编码表有 94 行、94 列，其行号称为区号，列号称为位号。双字节中，用高字节表示区号，低字节表示位号。非汉字图形符号置于第 1～11 区，一级汉字共 3 755 个置于第 16～55 区，二级汉字共 3 008 个置于第 56～87 区。（参考答案：B）

（33）五笔字型汉字输入法的编码属于（　　）。

    A. 音码　　　　　　B. 形声码　　　　　　C. 区位码　　　　　　D. 形码

解析 目前流行的汉字输入码的编码方案已有很多，如全拼输入法、双拼输入法、自然码输入法、五笔字型输入法等。全拼输入法和双拼输入法是根据汉字的发音进行编码的，称为音码；五笔字型输入法根据汉字的字形结构进行编码的，称为形码；自然码输入法是以拼音为主，辅以字形字义进行编码的，称为音形码。（参考答案：D）

（34）显示或打印汉字时，系统使用的是汉字的（　　）。

    A. 机内码　　　　　　B. 字形码　　　　　　C. 输入码　　　　　　D. 国标交换码

解析 存储在计算机内的汉字要在屏幕或打印机上显示、输出时，汉字机内码并不能作为每个汉字的字形信息输出。需要显示汉字时，根据汉字机内码向字模库检索出该汉字的字形信息输出。（参考答案：B）

（35）若已知某一汉字的国标码是 5E38H，则其机内码是（　　）。

    A. DEB8H　　　　　B. DE38H　　　　　C. 5EB8H　　　　　D. 7E58H

解析 汉字的机内码是将国标码的 2 字节的最高位分别置 1 得到的。机内码和其国标码之差总是 8080H。（参考答案：A）

（36）已知三个字符为 a、X 和 5，按它们的 ASCII 码值升序排序，结果是（　　）。

    A. 5，a，X　　　　　B. a，5，X　　　　　C. X，a，5　　　　　D. 5，X，a

解析 在 ASCII 码表中，ASCII 码值从小到大的排列顺序是数字、大写英文字母、小写英文字母。（参考答案：D）

（37）用 16×16 点阵来表示汉字的字形，存储一个汉字的字形需用（　　）字节。

    A. 16　　　　　　　B. 32　　　　　　　C. 64　　　　　　　D. 128

解析 16×16 点阵表示在一个 16×16 的网格中用点描出一个汉字，整个网格分为 16 行 16 列，每个小格用 1 位二进制编码表示，从上到下，每一行需要 16 个二进制位，占 2 字节，故用 16×16 点阵描述整个汉字的字形需要 32 字节的存储空间。（参考答案：B）

项目3　多媒体技术简介

【任务】媒体的数字化。

（1）对声音波形采样时，采样频率越高，声音文件的数据量（　　）。

    A．越小　　　　　　B．越大　　　　　　C．不变　　　　　　D．无法确定

解析　采样频率又称为采样速度或者采样率，定义了每秒从连续信号中提取并组成离散信号的采样个数，它用赫（Hz）来表示。采样频率越高，即采样的间隔时间越短，则在单位时间内计算机得到的声音样本数据就越多，对声音波形的表示也越精确。（参考答案：B）

（2）以.jpg 为扩展名的文件通常是（　　）。

    A．文本文件　　　B．音频信号文件　　　C．图像文件　　　D．视频信号文件

解析　数字图像保存在存储器中时，其数据文件的格式繁多，PC 上常用的就有：JPEG 格式、BMP 格式、GIF 格式、TIFF 格式、PNG 格式。以.jpg 为扩展名的文件为 JPEG 格式图像文件。（参考答案：C）

（3）对一个图形来说，通常用位图格式文件存储比用矢量格式文件存储所占用的空间（　　）。

    A．更小　　　　　　B．更大　　　　　　C．相同　　　　　　D．无法确定

解析　位图图像，又称为点阵图像或绘制图像，是由称为像素（图片元素）的单个点组成的。矢量图是根据几何特性来绘制图形，矢量可以是一个点或一条线，矢量图只能靠软件生成，文件占用内存空间较小。（参考答案：B）

（4）以.wav 为扩展名的文件通常是（　　）。

    A．文本文件　　　B．音频信号文件　　　C．图像文件　　　D．视频信号文件

解析　wav 为微软公司开发的一种声音文件格式，它符合 RIFF 文件规范，用于保存 Windows 平台的音频信息资源，被 Windows 平台及其应用程序所广泛支持。（参考答案：B）

（5）若对音频信号以 10 kHz 采样率、16 位量化精度进行数字化，则每分钟的双声道数字化声音信号产生的数据量约为（　　）。

    A．1.2 MB　　　　B．1.6 MB　　　　C．2.4 MB　　　　D．4.8 MB

解析　声音的计算公式为：（采样频率 Hz×量化位数 bit×声道数）/8，单位为字节/秒。

按题面计算即为：（10 000 Hz×16 位×2 声道）/8×60 秒=2 400 000 B，由于 1 KB 约等于 1 000 B，1 MB 约等于 1 000 KB，则 2 400 000 B 约等于 2.4 MB。（参考答案：C）

（6）一般说来，数字化声音的质量越高，则要求（　　）。

    A．量化位数越少、采样频率越低　　　　B．量化位数越多、采样频率越高

    C．量化位数越少、采样频率越高　　　　D．量化位数越多、采样频率越低

解析　声音数字化三要素如下：

采样频率	量化位数	声道数
每秒抽取声波幅度样本的次数	每个采样点用多少二进制位表示数据范围	使用声音通道的个数
采样频率越高，声音质量越好，数据量也越大	量化位数越多，音质越好，数据量也越大	立体声比单声道的表现力丰富，但数据量翻倍
11.025 kHz； 22.05 kHz； 44.1 kHz	8 位=256； 16 位=65 536	单声道； 立体声

（参考答案：B）

（7）以.avi 为扩展名的文件通常是（　　）。

　　A．文本文件　　　　B．音频信号文件　　　C．图像文件　　　　D．视频信号文件

解析　AVI 英文全称为 Audio Video Interleaved，即音频视频交错格式，是将语音和影像同步组合在一起的文件格式。它对视频文件采用了一种有损压缩方式，但压缩比较高，因此尽管画面质量不是太好，但其应用范围仍然非常广泛。AVI 支持 256 色和 RLE 压缩。AVI 信息主要应用在多媒体光盘上，用来保存电视、电影等各种影像信息。这种视频格式的文件扩展名一般是.avi，所以又称为 DV-AVI 格式。（参考答案：D）

（8）声音与视频信息在计算机内的表现形式是（　　）。

　　A．二进制数字　　B．调制　　　　C．模拟　　　　　D．模拟或数字

解析　任何形式的数据，无论是数字、文字、图形、声音或视频，进入计算机都必须进行二进制编码转换。（参考答案：A）

（9）JPEG 是一个用于数字信号压缩的国际标准，其压缩对象是（　　）。

　　A．文本　　　　　B．音频信号　　　　C．静态图像　　　D．视频信号

解析　JPEG 标准是第一个针对静态图像压缩的国际标准。（参考答案：C）

（10）目前有许多不同的音频文件格式，下列不是数字音频文件格式的是（　　）。

　　A．WAV　　　　B．GIF　　　　　C．MP3　　　　D．MID

解析　GIF 文件：供联机图形交换使用的一种图像文件格式，目前在网络通信中被广泛采用。（参考答案：B）

项目 4　计算机病毒及其防治

【**任务 1**】计算机病毒的特征和分类。

（1）下列关于计算机病毒的说法中正确的是（　　）。

　　A．计算机病毒是对计算机操作人员身体有害的生物病毒

　　B．感染计算机病毒后，将造成计算机硬件永久性的物理损坏

　　C．计算机病毒是一种通过自我复制进行传染的、破坏计算机程序和数据的小程序

　　D．计算机病毒是一种有逻辑错误的程序

解析　计算机病毒是一种通过自我复制进行传染的、破坏计算机程序和数据的小程序。在计算机运行过程中，它们能把自己精确复制或有修改地复制到其他程序或某些硬件中，从而达到破坏其他程序及某些硬件的作用。（参考答案：C）

（2）蠕虫病毒属于（　　）。

　　A．宏病毒　　　　B．网络病毒　　　　C．混合型病毒　　　D．文件型病毒

解析　蠕虫病毒是网络病毒的典型代表，它不占用除内存以外的任何资源，不修改磁盘文件，利用网络功能搜索网络地址，将自身向下一地址进行传播。（参考答案：B）

（3）随着 Internet 的发展，越来越多的计算机感染病毒的可能途径之一是（　　）。

　　A．从键盘上输入数据

　　B．通过电源线

　　C．所使用的光盘表面不清洁

D．通过 Internet 的 E-mail，附着在电子邮件的信息中

解析　计算机病毒（Computer Viruses）并非可传染疾病给人体的那种病毒，而是一种人为编制的可以制造故障的计算机程序。它隐藏在计算机系统的数据资源或程序中，借助系统运行和共享资源而进行繁殖、传播和生存，扰乱计算机系统的正常运行，篡改或破坏系统和用户的数据资源及程序。计算机病毒不是计算机系统自生的，而是一些别有用心的破坏者利用计算机的某些弱点而设计出来的，并置于计算机存储媒体中使之传播的程序。本题的四个选项中只有 D 有可能感染上病毒。（参考答案：D）

（4）下列关于计算机病毒的叙述中错误的是（　　）。

A．计算机病毒具有潜伏性

B．计算机病毒具有传染性

C．感染过计算机病毒的计算机具有对该病毒的免疫性

D．计算机病毒是一个特殊的寄生程序

解析　计算机病毒是可破坏他人资源的、人为编制的一段程序；计算机病毒具有以下几个特点：破坏性、传染性、隐藏性和潜伏性。（参考答案：C）

（5）计算机感染病毒的可能途径之一是（　　）。

A．从键盘上输入数据

B．随意运行外来的、未经杀毒软件严格审查的 U 盘上的文件

C．所使用的 U 盘表面不清洁

D．电源不稳定

解析　计算机病毒是一种人为编制的制造故障的计算机程序。预防计算机病毒的主要方法是：

① 不随便使用外来软件，对外来 U 盘必须先检查、后使用；

② 严禁在微型计算机上玩游戏；

③ 不用非原始 U 盘引导机器；

④ 不要在系统引导盘上存放用户数据和程序；

⑤ 保存重要软件的复制件；

⑥ 给系统盘和文件加以写保护；

⑦ 定期对硬盘作检查，及时发现病毒、消除病毒。（参考答案：B）

（6）下列叙述中正确的是（　　）。

A．计算机病毒只在可执行文件中传染，不执行的文件不会传染

B．计算机病毒主要通过读/写移动存储器或 Internet 网络进行传播

C．只要删除所有感染了病毒的文件就可以彻底消除病毒

D．计算机杀毒软件可以查出和清除任意已知的和未知的计算机病毒

解析　计算机病毒是人为编写的特殊小程序，能够侵入计算机系统并在计算机系统中潜伏、传播，破坏系统正常工作并具有繁殖能力。它可以通过读/写移动存储器或 Internet 网络进行传播。（参考答案：B）

（7）下列关于计算机病毒的叙述中正确的是（　　）。

A．杀毒软件可以查、杀任何种类的病毒

B．计算机病毒是一种被破坏了的程序

C．杀毒软件必须随着新病毒的出现而升级，提高查、杀病毒的功能

D．感染过计算机病毒的计算机具有对该病毒的免疫性

解析 杀毒是因病毒的产生而产生的，所以杀毒软件必须随着新病毒的出现而升级，提高查、杀病毒的功能。杀毒是针对已知病毒而言的，并不是可以查、杀任何种类的病毒。计算机病毒是一种人为编制的可以制造故障的计算机程序，具有一定的破坏性。（参考答案：C）

（8）下列叙述中正确的是（　　）。

A．计算机病毒是由于光盘表面不清洁而造成的

B．计算机病毒主要通过读/写移动存储器或 Internet 网络进行传播

C．只要把带病毒的 U 盘设置成只读状态，那么此盘上的病毒就不会因读盘而传染给另一台计算机

D．感染计算机病毒后，将造成计算机硬件永久性的物理损坏

解析 计算机病毒是一种通过自我复制进行传染的、破坏计算机程序和数据的小程序。在计算机运行过程中，它们能把自己精确复制或有修改地复制到其他程序或某些硬件中，从而达到破坏其他程序及某些硬件的作用。（参考答案：B）

（9）下列关于计算机病毒的叙述中正确的是（　　）。

A．所有计算机病毒只在可执行文件中传染

B．计算机病毒可通过读/写移动硬盘或 Internet 网络进行传播

C．只要把带毒 U 盘设置成只读状态，那么此盘上的病毒就不会因读盘而传染给另一台计算机

D．清除病毒最简单的方法是删除已感染病毒的文件

解析 计算机病毒实质上是一个特殊的计算机程序，这种程序具有自我复制能力，可非法入侵并隐藏在存储媒体的引导部分、可执行程序或数据文件的可执行代码中。

一旦发现计算机染上病毒后，一定要及时清除，以免造成损失。清除病毒的方法有两种：一是手动清除；二是借助杀毒软件清除病毒。（参考答案：B）

（10）计算机病毒是指能够侵入计算机系统并在计算机系统中潜伏、传播，破坏系统正常工作的一种具有繁殖能力的（　　）。

A．流行性感冒病毒　　　　　　　　B．特殊小程序

C．特殊微生物　　　　　　　　　　D．源程序

解析 计算机病毒是指编制或者在计算机程序中插入的破坏计算机功能或者破坏数据，影响计算机使用并且能够自我复制的一组计算机指令或者程序代码。（参考答案：B）

（11）下列关于计算机病毒的叙述中正确的是（　　）。

A．计算机病毒只感染.exe 或.com 文件

B．计算机病毒可通过读/写移动存储设备或 Internet 网络进行传播

C．计算机病毒是通过电网进行传播的

D．计算机病毒是由于程序中的逻辑错误造成的

解析 计算机病毒是人为编制的一组具有自我复制能力的特殊的计算机程序。它主要感染扩展名为 COM、EXE、DRV、BIN、OVL、SYS 等可执行文件，它能通过移动介质盘文档的复制，E-mail 下载 Word 文档附件等途径蔓延。（参考答案：B）

（12）下列关于计算机病毒的叙述中正确的是（　　）。

A．计算机病毒的特点之一是具有免疫性

  B．计算机病毒是一种有逻辑错误的小程序

  C．杀毒软件必须随着新病毒的出现而升级，提高查、杀病毒的功能

  D．感染过计算机病毒的计算机具有对该病毒的免疫性

  解析　杀毒软件只能检测出已知的病毒并消除它们，并不能检测出新的病毒或病毒的变种，因此要随着各种新病毒的出现而不断升级；感染计算机病毒后，会使计算机出现异常现象，造成一定的伤害，但并不是永久性的物理损坏，清除了病毒的计算机如果不好好保护还是会有再次感染上病毒的可能。（参考答案：C）

  （13）当感染计算机病毒后，主要造成的破坏是（　　）。

  A．对磁盘片的物理损坏

  B．对磁盘驱动器的损坏

  C．对 CPU 的损坏

  D．对存储在硬盘上的程序、数据甚至系统的破坏

  解析　计算机病毒是一种通过自我复制进行传染的、破坏计算机程序和数据的小程序。在计算机运行过程中，它们能把自己精确复制或有修改地复制到其他程序中或某些硬件中，从而达到破坏其他程序及某些硬件的作用。（参考答案：D）

  （14）传播计算机病毒的一个可能途径是（　　）。

  A．通过键盘输入数据时传入   B．通过电源线传播

  C．通过使用表面不清洁的光盘 D．通过 Internet 网络传播

  解析　计算机病毒可以通过有病毒的软盘传染，还可以通过网络进行传染。（参考答案：D）

  （15）下列关于计算机病毒的描述正确的是（　　）。

  A．正版软件不会受到计算机病毒的攻击

  B．光盘上的软件不可能携带计算机病毒

  C．计算机病毒是一种特殊的计算机程序，因此数据文件中不可能携带病毒

  D．任何计算机病毒一定会有清除的办法

  解析　计算机病毒是一种通过自我复制进行传染的、破坏计算机程序和数据的小程序。在计算机运行过程中，它们能把自己精确复制或有修改地复制到其他程序中或某些硬件中，从而达到破坏其他程序及某些硬件的作用。

  病毒可以通过读/写 U 盘或 Internet 网络进行传播。一旦发现计算机染上病毒后，一定要及时清除，以免造成损失。清除病毒的方法有两种：一是手动清除；二是借助杀毒软件清除病毒。（参考答案：D）

  （16）计算机病毒的危害表现为（　　）。

  A．能造成计算机芯片的永久性失效

  B．使磁盘霉变

  C．影响程序运行，破坏计算机系统的数据与程序

  D．切断计算机电源

  解析　计算机病毒是一种特殊的、具有破坏性的恶意计算机程序，它具有自我复制能力，可通过非授权入侵而隐藏在可执行程序或数据文件中。当计算机运行时源病毒能把自身精确复制或者有修改地复制到其他程序中，影响和破坏正常程序的执行和数据的正确性。（参考答案：C）

（17）计算机病毒（　　）。

　　A．不会对计算机操作人员造成身体损害

　　B．会导致所有计算机操作人员感染致病

　　C．会导致部分计算机操作人员感染致病

　　D．会导致部分计算机操作人员感染病毒，但不会致病

解析　计算机病毒是一个程序、一段可执行代码。它可破坏计算机的正常使用，使得计算机无法正常运行，甚至整个操作系统或者硬盘损坏。（参考答案：A）

（18）通常所说的"宏病毒"感染的文件类型是（　　）。

　　A．COM　　　　　B．DOC　　　　　C．EXE　　　　　D．TXT

解析　宏病毒不感染程序，只感染 Microsoft Word 文档文件（DOC）和模板文件（DOT），与操作系统没有特别的关联。（参考答案：B）

（19）下列关于计算机病毒的叙述中正确的是（　　）。

　　A．杀毒软件可以查、杀任何种类的病毒

　　B．计算机病毒是一种被破坏了的程序

　　C．杀毒软件必须随着新病毒的出现而升级，增强查、杀病毒的功能

　　D．感染过计算机病毒的计算机具有对该病毒的免疫性

解析　杀毒是因病毒的产生而产生的，所以杀毒软件必须随着新病毒的出现而升级，提高查、杀病毒的功能。杀毒是针对已知病毒而言的，并不是可以查、杀任何种类的病毒。计算机病毒是一种人为编制的可以制造故障的计算机程序，具有一定的破坏性。（参考答案：C）

【任务2】计算机病毒的预防。

（1）下列关于计算机病毒的叙述中，错误的是（　　）。

　　A．杀毒软件可以查、杀任何种类的病毒

　　B．计算机病毒是人为制造的、企图破坏计算机功能或计算机数据的一段小程序

　　C．杀毒软件必须随着新病毒的出现而升级，提高查、杀病毒的功能

　　D．计算机病毒具有传染性

解析　杀毒是因病毒的产生而产生的，所以杀毒软件必须随着新病毒的出现而升级，提高查、杀病毒的功能。杀毒是针对已知病毒而言的，并不是可以查、杀任何种类的病毒，所以选项 A 是错误的。（参考答案：A）

（2）为防止计算机病毒传染，应该做到（　　）。

　　A．无病毒的 U 盘不要与来历不明的 U 盘放在一起

　　B．不要复制来历不明 U 盘中的程序

　　C．长时间不用的 U 盘要经常格式化

　　D．U 盘中不要存放可执行程序

解析　病毒可以通过读/写 U 盘感染病毒，所以最好的方法是少用来历不明的 U 盘。（参考答案：B）

项目5　计算机的硬件系统

【任务1】运算器。

（1）用 MIPS 衡量的计算机性能指标是（　　）。

　　A．处理能力　　　　B．存储容量　　　　C．可靠性　　　　D．运算速度

解析　运算速度：是指计算机每秒所能执行的指令条数，一般以 MIPS 为单位。

字长：是 CPU 能够直接处理的二进制数据位数。常见的微机字长有 32 位和 64 位。

内存容量：是指内存储器中能够存储信息的总字节数，一般以 KB、MB 为单位。

传输速率用 bit/s 或 kbit/s 来表示。（参考答案：D）

（2）度量计算机运算速度常用的单位是（　　　）。

　　A. MIPS　　　　　　B. MHz　　　　　　C. MB/s　　　　　　D. Mbit/s

解析　MHz 是时钟主频的单位；MB/s 的含义是兆字节每秒，指每秒传输的字节数量；Mbit/s 是数据传输速率的单位。（参考答案：A）

（3）运算器的完整功能是进行（　　　）。

　　A. 逻辑运算　　　　　　　　　　　B. 算术运算和逻辑运算

　　C. 算术运算　　　　　　　　　　　D. 逻辑运算和微积分运算

解析　中央处理器 CPU 是由运算器和控制器两部分组成，运算器主要完成算术运算和逻辑运算；控制器主要是用以控制和协调计算机各部件自动、连续地执行各条指令。（参考答案：B）

（4）Pentium（奔腾）微机的字长是（　　　）。

　　A. 8 位　　　　　　　B. 16 位　　　　　　C. 32 位　　　　　　D. 64 位

解析　Pentium 微机的字长是 32 位。（参考答案：C）

（5）Pentium 4 CPU 的字长是（　　　）。

　　A. 8 位　　　　　　　B. 16 位　　　　　　C. 32 位　　　　　　D. 64 位

解析　CPU 的"字长"，是指 CPU 一次能处理的二进制数据的位数，它决定着 CPU 内部寄存器、ALU 和数据总线的位数，字长是 CPU 断代的重要特征。

如果 CPU 的字长为 8 位，则它每执行一条指令可以处理 8 位二进制数据，如果要处理更多位数的数据，就需要执行多条指令。Pentium 4 CPU 的字长是 32 位，它执行一条指令可以处理 32 位数据。（参考答案：C）

（6）运算器（ALU）的功能是（　　　）。

　　A. 只能进行逻辑运算　　　　　　　B. 对数据进行算术运算或逻辑运算

　　C. 只能进行算术运算　　　　　　　D. 做初等函数的计算

解析　运算器的功能是对数据进行算术运算或逻辑运算。（参考答案：B）

（7）"32 位微机"中的 32 位指的是（　　　）。

　　A. 微机型号　　　B. 内存容量　　　C. 存储单位　　　D. 机器字长

解析　字长是计算机一次能够处理的二进制数位数。常见的微机字长有 32 位和 64 位。（参考答案：D）

（8）微机的字长是 4 字节，这意味着（　　　）。

　　A. 能处理的最大数值为 4 位十进制数 9 999

　　B. 能处理的字符串最多由 4 个字符组成

　　C. 在 CPU 中作为一个整体加以传送处理的为 32 位二进制代码

　　D. 在 CPU 中运算的最大结果为 2 的 32 次方

解析　字长是指微处理器能够直接处理二进制数的位数。1 字节由 8 个二进制数位组成，因此 4 字节由 32 个二进制数位组成。微机的字长是 4 字节，即微处理器能够直接处理二进制数的位数为 32。（参考答案：C）

（9）下列不能用作存储容量单位的是（　　）。

　　A．Byte　　　　　　B．GB　　　　　　C．MIPS　　　　　　D．KB

解析　MIPS 是 Million of Instructions Per Second 的缩写，亦即每秒所能执行的机器指令的百万条数。（参考答案：C）

（10）计算机的技术性能指标主要是指（　　）。

　　A．计算机所配备的程序设计语言、操作系统、外围设备

　　B．计算机的可靠性、可维性和可用性

　　C．显示器的分辨率、打印机的性能等配置

　　D．字长、主频、运算速度、内/外存容量

解析　计算机的主要技术性能指标是：字长、时钟主频、运算速度、存储容量和存取周期。（参考答案：D）

（11）计算机硬件系统主要包括中央处理器（CPU）、存储器和（　　）。

　　A．显示器和键盘　　　　　　　　B．打印机和键盘

　　C．显示器和鼠标　　　　　　　　D．输入/输出设备

解析　计算机的硬件系统通常由五大部分组成：输入设备、输出设备、存储器、中央处理器（CPU）（包括运算器和控制器）。（参考答案：D）

【任务 2】控制器。

（1）组成计算机指令的两部分是（　　）。

　　A．数据和字符　　　　　　　　　B．操作码和地址码

　　C．运算符和运算数　　　　　　　D．运算符和运算结果

解析　一条指令必须包括操作码和地址码（或称操作数）两部分：操作码指出指令完成操作的类型，地址码指出参与操作的数据和操作结果存放的位置。（参考答案：B）

（2）在微机的配置中常看到"P4 2.4 G"字样，其中数字"2.4 G"表示（　　）。

　　A．处理器的时钟频率是 2.4 GHz

　　B．处理器的运算速度是 2.4 GIPS

　　C．处理器是 Pentium 4 第 2.4 代

　　D．处理器与内存间的数据交换速率是 2.4 GB/s

解析　在微机的配置中看到"P4 2.4 G"字样，其中"2.4 G"表示处理器的时钟频率是 2.4 GHz。（参考答案：A）

（3）字长是 CPU 的主要性能指标之一，它表示（　　）。

　　A．CPU 一次能处理二进制数据的位数　　B．CPU 最长的十进制整数的位数

　　C．CPU 最大的有效数字位数　　　　　　D．CPU 计算结果的有效数字长度

解析　CPU 的性能指标直接决定了由它构成的微型计算机系统性能指标。CPU 的性能指标主要包括字长和时钟主频。字长是指计算机运算部件一次能同时处理的二进制数据的位数。（参考答案：A）

（4）通常所说的计算机的主机是指（　　）。

　　A．CPU 和内存　　　　　　　　　B．CPU 和硬盘

　　C．CPU、内存和硬盘　　　　　　　D．CPU、内存和 CD-ROM

解析　计算机的结构部件为运算器、控制器、存储器、输入设备和输出设备。"运算器、控制器、存储器"是构成主机的主要部件，运算器和控制器又称为 CPU。（参考答案：A）

（5）控制器的功能是（　　）。

A．指挥、协调计算机各相关硬件工作

B．指挥、协调计算机各相关软件工作

C．指挥、协调计算机各相关硬件和软件工作

D．控制数据的输入和输出

解析　控制器是计算机的神经中枢，由它指挥全机各个部件自动、协调工作。（参考答案：A）

（6）影响一台计算机性能的关键部件是（　　）。

A．CD-ROM　　　B．硬盘　　　　C．CPU　　　　D．显示器

解析　中央处理器（CPU）主要包括运算器和控制器两大部件。它是计算机的核心部件。CPU 是一块体积不大而元件的集成度非常高、功能强大的芯片。计算机的所有操作都受 CPU 控制，所以它的品质直接影响着整个计算机系统的性能。（参考答案：C）

（7）CPU 中，除了内部总线和必要的寄存器外，主要的两大部件分别是运算器和（　　）。

A．控制器　　　B．存储器　　　　C．Cache　　　　D．编辑器

解析　中央处理器（CPU）主要包括运算器和控制器两大部件。它是计算机的核心部件。CPU 是一块体积不大而元件的集成度非常高、功能强大的芯片。计算机的所有操作都受 CPU 控制，所以它的品质直接影响着整个计算机系统的性能。（参考答案：A）

（8）组成 CPU 的主要部件是（　　）。

A．运算器和控制器　　　　　　　　B．运算器和存储器

C．控制器和寄存器　　　　　　　　D．运算器和寄存器

解析　中央处理器（CPU）主要包括运算器和控制器两大部件。它是计算机的核心部件。CPU 是一块体积不大而元件的集成度非常高、功能强大的芯片。计算机的所有操作都受 CPU 控制，所以它的品质直接影响着整个计算机系统的性能。（参考答案：A）

（9）用来控制、指挥和协调计算机各部件工作的是（　　）。

A．运算器　　　B．鼠标　　　　　C．控制器　　　　D．存储器

解析　控制器主要是用以控制和协调计算机各部件自动、连续地执行各条指令。（参考答案：C）

（10）计算机指令由两部分组成，它们是（　　）。

A．运算符和运算数　　　　　　　　B．操作数和结果

C．操作码和操作数　　　　　　　　D．数据和字符

解析　一条指令必须包括操作码和地址码（或称操作数）两部分。（参考答案：C）

（11）计算机技术中，英文缩写 CPU 的中文译名是（　　）。

A．控制器　　　B．运算器　　　　C．中央处理器　　　　D．寄存器

解析　中央处理器（CPU）主要包括运算器和控制器两大部件，它是计算机的核心部件。（参考答案：C）

（12）下列叙述中正确的是（　　）。

A．CPU 能直接读取硬盘上的数据

B．CPU 能直接存取内存储器上的数据

C．CPU 由存储器、运算器和控制器组成

　　　　D．CPU 主要用来存储程序和数据

解析　CPU 包括运算器和控制器两大部件，可以直接访问内存储器，而硬盘属于外存，故不能直接读取；而存储程序和数据的部件是存储器。（参考答案：B）

（13）CPU 主要技术性能指标有（　　）。

　　　　A．字长、主频和运算速度　　　　　　B．可靠性和精度

　　　　C．耗电量和效率　　　　　　　　　　D．冷却效率

解析　CPU 的性能指标直接决定了由它构成的微型计算机系统性能指标。CPU 的性能指标主要包括字长和时钟主频。字长表示 CPU 每次处理数据的能力；时钟主频以 MHz（兆赫）为单位来度量。时钟主频越高，其处理数据的速度相对也就越快。（参考答案：A）

（14）下列度量单位中用来度量 CPU 时钟主频的是（　　）。

　　　　A．MB/s　　　　　B．MIPS　　　　　C．GHz　　　　　　D．MB

解析　Hz 是度量所有物体频率的基本单位，由于 CPU 的时钟频率很高，所以 CPU 时钟频率的单位用 GHz 表示。（参考答案：C）

（15）计算机主要技术指标通常是指（　　）。

　　　　A．所配备的系统软件的版本

　　　　B．CPU 的时钟频率、运算速度、字长和存储容量

　　　　C．扫描仪的分辨率、打印机的配置

　　　　D．硬盘容量的大小

解析　常用的计算机系统技术指标为运算速度、主频（即 CPU 内核工作的时钟频率）、字长、存储容量和数据传输速率。（参考答案：B）

（16）下列说法中正确的是（　　）。

　　　　A．计算机体积越大，功能越强

　　　　B．微机 CPU 主频越高，其运算速度越快

　　　　C．两个显示器的屏幕大小相同，它们的分辨率也相同

　　　　D．激光打印机打印的汉字比喷墨打印机多

解析　主频是指在计算机系统中控制微处理器运算速度的时钟频率，它在很大程度上决定了微处理器的运算速度。一般来说，主频越高，运算速度就越快。（参考答案：B）

（17）CPU 的主要性能指标是（　　）。

　　　　A．字长和主频　　　　　　　　　　　B．可靠性

　　　　C．耗电量和效率　　　　　　　　　　D．发热量和冷却效率

解析　常用的计算机系统技术指标为运算速度、主频、字长、存储容量和数据传输速率。（参考答案：A）

（18）在计算机指令中，规定其所执行操作功能的部分称为（　　）。

　　　　A．地址码　　　　B．源操作数　　　　C．操作数　　　　　　D．操作码

解析　通常一条指令包括两方面的内容：操作码和操作数。操作码决定要完成的操作，操作数指参加运算的数据及其所在的单元地址。（参考答案：D）

（19）下列关于指令系统的描述中正确的是（　　）。

　　　　A．指令由操作码和控制码两部分组成

　　　　B．指令的地址码部分可能是操作数，也可能是操作数的内存单元地址

C. 指令的地址码部分是不可缺少的

D. 指令的操作码部分描述了完成指令所需要的操作数类型

解析　机器指令是一个按照一定的格式构成的二进制代码串，一条机器指令包括两部分：操作性质部分和操作对象部分。基本格式如下：

操作码	源操作数（或地址）	目的操作数地址

操作码指示指令所要完成的操作，如加法、减法、数据传送等；操作数指示指令执行过程中所需要的数据，如加法指令中的加数、被加数等，这些数据可以是操作数本身，也可以来自某寄存器或存储单元。（参考答案：B）

（20）计算机有多种技术指标，其中主频是指（　　　）。

A. 内存的时钟频率　　　　　　　　　　B. CPU 内核工作的时钟频率

C. 系统时钟频率，又称外频　　　　　　D. 总线频率

解析　主频指 CPU 的时钟频率。它的高低一定程度上决定了计算机速度的快慢。（参考答案：B）

（21）计算机的主频指的是（　　　）。

A. 软盘读/写速度，用 Hz 表示　　　　　B. 显示器输出速度，用 MHz 表示

C. 时钟频率，用 MHz 表示　　　　　　D. 硬盘读/写速度

解析　主频指 CPU 的时钟频率。它的高低一定程度上决定了计算机速度的快慢。频率的单位有：Hz（赫）、kHz（千赫）、MHz（兆赫）、GHz（吉赫）。（参考答案：C）

（22）微机的销售广告 "P4 2.4G/256M/80G" 中的 2.4G 是表示（　　　）。

A. CPU 的运算速度为 2.4 GIPS　　　　B. CPU 为 Pentium 4 的 2.4 代

C. CPU 的时钟主频为 2.4 GHz　　　　D. CPU 与内存间的数据交换速率是 2.4 Gbps

解析　在微机的配置中看到 "P4 2.4 G" 字样，其中 "2.4 G" 表示处理器的时钟频率是 2.4 GHz。（参考答案：C）

（23）"32 位微型计算机" 中的 32 是指下列技术指标中的（　　　）。

A. CPU 功耗　　　B. CPU 字长　　　C. CPU 主频　　　　D. CPU 型号

解析　字长是计算机一次能够处理的二进制数位数。常见的微机字长有 32 位和 64 位。（参考答案：B）

（24）组成微型机主机的部件是（　　　）。

A. 内存和硬盘　　　　　　　　　　　　B. CPU、显示器和键盘

C. CPU 和内存　　　　　　　　　　　　D. CPU、内存、硬盘、显示器和键盘

解析　计算机的结构部件为运算器、控制器、存储器、输入设备和输出设备。"运算器、控制器、存储器" 是构成主机的主要部件，运算器和控制器又称为 CPU。（参考答案：C）

（25）构成 CPU 的主要部件是（　　　）。

A. 内存和控制器　　　　　　　　　　　B. 内存和运算器

C. 控制器和运算器　　　　　　　　　　D. 内存、控制器和运算器

解析　中央处理器（CPU）主要包括运算器和控制器两大部件。它是计算机的核心部件。CPU 是一块体积不大而元件的集成度非常高、功能强大的芯片。计算机的所有操作都受 CPU 控制，所以它的品质直接影响着整个计算机系统的性能。（参考答案：C）

（26）CPU 的中文名称是（　　）。

  A．控制器   B．不间断电源 C．算术逻辑部件 D．中央处理器

解析　中央处理器（CPU）主要包括运算器和控制器两大部件，它是计算机的核心部件。（参考答案：D）

（27）计算机中，负责指挥计算机各部分自动协调一致地进行工作的部件是（　　）。

  A．运算器   B．控制器   C．存储器   D．总线

解析　控制器主要是用以控制和协调计算机各部件自动、连续地执行各条指令的。（参考答案：B）

【任务 3】存储器。

（1）DVD-ROM 属于（　　）。

  A．大容量可读可写外部存储器   B．大容量只读外部存储器

  C．CPU 可直接存取的存储器   D．只读内存储器

解析　DVD 光盘存储密度高，光盘的一面可以分单层或双层存储信息，一张光盘有两面，最多可以有 4 层存储空间，因此，存储容量极大。（参考答案：B）

（2）ROM 中的信息是（　　）。

  A．由计算机制造厂预先写入   B．在系统安装时写入

  C．根据用户的需求，由用户随时写入 D．由程序临时存入

解析　ROM（Read Only Memory），即只读存储器，其中存储的内容只能供反复读出，而不能重新写入。因此在 ROM 中存放的是固定不变的程序与数据，其优点是切断机器电源后，ROM 中的信息仍然保留，不会改变。（参考答案：A）

（3）配置 Cache 是为了解决（　　）。

  A．内存与辅助存储器之间速度不匹配问题

  B．CPU 与辅助存储器之间速度不匹配问题

  C．CPU 与内存储器之间速度不匹配问题

  D．主机与外围设备之间速度不匹配问题

解析　内存是解决主机与外设之间速度不匹配问题；高速缓冲存储器是为了解决 CPU 与内存储器之间速度不匹配问题。（参考答案：C）

（4）对 CD-ROM 可以进行的操作是（　　）。

  A．读或写   B．只能读不能写 C．只能写不能读 D．能存不能取

解析　ROM 的意思是只能读出而不能随意写入信息的存储器，所以 CD-ROM 光盘就是只读光盘。

目前使用的光盘分为 3 类：只读光盘（CD-ROM）、一次写入光盘（WORM）和可擦写型光盘（MO）。（参考答案：B）

（5）把内存中的数据传送到计算机的硬盘的操作称为（　　）。

  A．显示   B．写盘   C．输入   D．读盘

解析　写盘就是通过磁头往媒介写入信息数据的过程。读盘就是磁头读取存储在媒介上的数据的过程，如硬盘磁头读取硬盘中的信息数据、光盘磁头读取光盘信息等。（参考答案：B）

（6）下面关于 U 盘的描述中错误的是（　　）。

  A．U 盘有基本型、增强型和加密型三种

  B．U 盘的特点是质量小、体积小

C．U 盘多固定在机箱内，不便携带

　　D．断电后，U 盘还能保持存储的数据不丢失

解析　U 盘（又称，优盘、闪盘）是一种可移动的数据存储工具，具有容量大、读/写速度快、体积小、携带方便等特点。U 盘有基本型、增强型和加密型三种。只要插入任何计算机的 USB 接口都可以使用。它还具备了防磁、防震、防潮的诸多特性，明显增强了数据的安全性。U 盘的性能稳定，数据传输高速高效；较强的抗震性能可使数据传输不受干扰。（参考答案：C）

（7）移动硬盘或 U 盘连接计算机所使用的接口通常是（　　）。

　　A．RS-232-C 接口　B．并行接口　　　　C．USB　　　　　D．UBS

解析　U 盘（又称优盘、闪盘）是一种可移动的数据存储工具，具有容量大、读/写速度快、体积小、携带方便等特点。只要插入任何计算机的 USB 接口都可以使用。（参考答案：C）

（8）下列说法中错误的是（　　）。

　　A．硬盘驱动器和盘片是密封在一起的，不能随意更换盘片

　　B．硬盘可以是多张盘片组成的盘片组

　　C．硬盘的技术指标除容量外，另一个是转速

　　D．硬盘安装在机箱内，属于主机的组成部分

解析　硬盘虽然安装在机箱内，但是它跟光盘驱动器、U 盘等都属于外部存储设备，不是主机的组成部分。主机由 CPU 和内存组成。（参考答案：D）

（9）下列叙述中错误的是（　　）。

　　A．硬盘在主机箱内，它是主机的组成部分

　　B．硬盘属于外部存储器

　　C．硬盘驱动器既可作为输入设备又可作为输出设备

　　D．硬盘与 CPU 之间不能直接交换数据

解析　硬盘、U 盘和光盘存储器等都属于外部存储器，它们不是主机的组成部分。主机由 CPU 和内存组成。（参考答案：A）

（10）硬盘属于（　　）。

　　A．内部存储器　　B．外部存储器　　　C．只读存储器　　　D．输出设备

解析　硬盘通常用来作为大型机、服务器和微型机的外部存储器。（参考答案：B）

（11）下列关于 USB 的叙述中错误的是（　　）。

　　A．USB 接口的尺寸比并行接口大得多

　　B．USB 3.0 的数据传输速率大大高于 USB 2.0

　　C．USB 具有热插拔与即插即用的功能

　　D．在 Windows 10 下，使用 USB 接口连接的外围设备（如移动硬盘、U 盘等）不需要
　　　　驱动程序

解析　USB 3.0 的数据传输速率为 5.0 Gbit/s；USB 接口即插即用，当前的计算机都配有 USB 接口，在 Windows 操作系统下，无须驱动程序，可以直接热插拔。（参考答案：A）

（12）下列关于随机存取存储器（RAM）的叙述中正确的是（　　）。

　　A．RAM 分静态 RAM（SRAM）和动态 RAM（DRAM）两大类

　　B．SRAM 的集成度比 DRAM 高

　　C．DRAM 的存取速度比 SRAM 快

D．DRAM 中存储的数据无须"刷新"

解析 RAM 分为静态 RAM（SRAM）和动态 RAM（DRAM）两大类，静态 RAM 存储器集成度低、价格高，但存取速度快；动态 RAM 集成度高、价格低，但由于要周期性地刷新，所以存取速度较 SRAM 慢。（参考答案：A）

（13）用来存储当前正在运行的应用程序和其相应数据的存储器是（　　）。

　　A．RAM 　　　　　　B．硬盘 　　　　　　C．ROM 　　　　　　D．CD-ROM

解析 RAM 用于存放当前使用的程序、数据、中间结果和外存交换的数据。（参考答案：A）

（14）下列关于磁道的说法中正确的是（　　）。

　　A．盘面上的磁道是一组同心圆

　　B．由于每一磁道的周长不同，所以每一磁道的存储容量也不同

　　C．盘面上的磁道是一条阿基米德螺线

　　D．磁道的编号是最内圈为 0，并次序由内向外逐渐增大，最外圈的编号最大

解析 盘片两面均被划分为 80 个同心圆，每个同心圆称为一个磁道，磁道的编号是：最外面为 0 磁道，最里面为 79 磁道。每个磁道分为等长的 18 段，段又称为扇区，每个扇区可以记录 512 字节。磁盘上所有信息的读/写都以扇区为单位进行。（参考答案：A）

（15）当电源关闭后，下列关于存储器的说法中正确的是（　　）。

　　A．存储在 RAM 中的数据不会丢失　　　　B．存储在 ROM 中的数据不会丢失

　　C．存储在 U 盘中的数据会全部丢失　　　　D．存储在硬盘中的数据会丢失

解析 存储器分内存和外存，内存就是 CPU 能由地址线直接寻址的存储器。内存又分 RAM 和 ROM 两种。RAM 是可读可写的存储器，它用于存放经常变化的程序和数据，只要一断电，RAM 中的程序和数据就会丢失。ROM 是只读存储器，ROM 中的程序和数据即使断电也不会丢失。（参考答案：B）

（16）英文缩写 ROM 的中文译名是（　　）。

　　A．高速缓冲存储器　　　　　　　　　　B．只读存储器

　　C．随机存取存储器　　　　　　　　　　D．U 盘

解析 ROM（Read Only Memory），中文译名是只读存储器。（参考答案：B）

（17）下列关于随机存取存储器（RAM）的叙述中正确的是（　　）。

　　A．存储在 SRAM 或 DRAM 中的数据在断电后将全部丢失且无法恢复

　　B．SRAM 的集成度比 DRAM 高

　　C．DRAM 的存取速度比 SRAM 快

　　D．DRAM 常用来作为 Cache

解析 RAM 可分为静态存储器（SRAM）和动态存储器（DRAM）。静态存储器是利用其中触发器的两个稳态来表示所存储的"0"和"1"的。这类存储器集成度低、价格高，但存取速度快，常用来作为高速缓冲存储器（Cache）。动态存储器则是用半导体器件中分布电容上有无电荷来表示"1"和"0"的。因为保存在分布电容上的电荷会随着电容器的漏电而逐渐消失，所以需要周期性地给电容充电，称为刷新。这类存储器集成度高、价格低，但由于要周期性地刷新，所以存取速度慢。（参考答案：A）

（18）计算机内存中用于存储信息的部件是（　　）。

　　A．U 盘　　　　　　B．只读存储器　　　　C．硬盘　　　　　　D．RAM

解析　内存：随机存储器（RAM），主要存储正在运行的程序和要处理的数据。（参考答案：D）

（19）下列叙述中错误的是（　　）。

　　A．硬磁盘可以与 CPU 之间直接交换数据

　　B．硬磁盘在主机箱内，可以存放大量文件

　　C．硬磁盘是外存储器之一

　　D．硬磁盘的技术指标之一是每分钟的转速

解析　微机的硬磁盘（硬盘）通常固定安装在主机机箱内。大型机的硬磁盘则常有单独的机柜。硬磁盘是计算机系统中最重要的一种外存储器。外存储器必须通过内存储器才能与 CPU 进行信息交换。（参考答案：A）

（20）移动硬盘与 U 盘相比，其最大的优势是（　　）。

　　A．容量大　　　　　B．速度快　　　　　C．安全性高　　　　　D．兼容性好

解析　移动硬盘是以硬盘为存储介质，多采用 USB、IEEE1394 等传输速率较快的接口，可以较高的速度与系统进行数据传输。移动硬盘可以提供相当大的存储容量，是一种较具性价比的移动存储产品，可以说是 U 盘、磁盘等闪存产品的升级版。（参考答案：A）

（21）目前使用的硬磁盘，在其读/写寻址过程中（　　）。

　　A．盘片静止，磁头沿圆周方向旋转　　　　B．盘片旋转，磁头静止

　　C．盘片旋转，磁头沿盘片径向运动　　　　D．盘片与磁头都静止不动

解析　当硬磁盘运行时，主轴底部的电机带动主轴，主轴带动磁盘高速旋转。盘片高速旋转时带动的气流将磁盘上的磁头托起，磁头是一个质量很小的薄膜组件，它负责盘片上数据的写入或读出。移动臂用来固定磁头，使磁头可以沿着盘片的径向高速移动，以便定位到指定的磁道。（参考答案：C）

（22）微机内存按（　　）。

　　A．二进制位编址　B．十进制位编址　　C．字长编址　　　　D．字节编址

解析　微型计算机内存储器是按字节编址的，这是由存储器的结构决定的。（参考答案：D）

（23）ROM 是指（　　）。

　　A．随机存储器　B．只读存储器　　　C．外存储器　　　　D．辅助存储器

解析　存储器有内存储器和外存储器两种。内存储器按功能又可分为随机存取存储器（RAM）和只读存储器（ROM）。（参考答案：B）

（24）10 GB 的硬盘表示其存储容量为（　　）。

　　A．一万字节　B．一千万字节　　　C．一亿字节　　　　D．一百亿字节

解析　存储容量的换算有：1 TB=1 024 GB；1 GB=1 024 MB；1 MB=1 024 KB；1 KB=1 024 B；B 是英文 Byte（字节），K 是英文千，M 是英文百万，G 是英文亿，T 是英文千亿。所以 10 GB 的硬盘表示其存储容量为一百亿字节。（参考答案：D）

（25）下列叙述中错误的是（　　）。

　　A．内存储器一般由 ROM 和 RAM 组成　B．RAM 中存储的数据一旦断电就全部丢失

　　C．CPU 不能访问内存储器　　　　　　　D．存储在 ROM 中的数据断电后也不会丢失

解析　控制器主要是用以控制和协调计算机各部件自动、连续地执行各条指令。（参考答案：C）

（26）除硬盘容量大小外，下列属于硬盘技术指标的是（　　）。

　　A．转速　　　　　B．平均访问时间　　　C．数据传输速率　　　D．以上全部

解析 硬盘常见的技术指标：①每分钟转速；②平均寻道时间；③平均潜伏期；④平均访问时间；⑤数据传输速率；⑥缓冲区容量；⑦噪声与温度。（参考答案：D）

（27）下列叙述中正确的是（ ）。

    A．内存中存放的只有程序代码

    B．内存中存放的只有数据

    C．内存中存放的既有程序代码又有数据

    D．外存中存放的是当前正在执行的程序代码和所需的数据

解析 内存中存放的是当前运行的程序和程序所用的数据，属于临时存储器；外存属于永久性存储器，存放着暂时不用的数据和程序。（参考答案：C）

（28）随机存储器（RAM）的最大特点是（ ）。

    A．存储量极大，属于海量存储器

    B．存储在其中的信息可以永久保存

    C．一旦断电，存储在其上的信息将全部消失，且无法恢复

    D．计算机中只是用来存储数据的

解析 RAM，又称为临时存储器。RAM 中存储当前使用的程序、数据、中间结果和与外存交换的数据，CPU 根据需要可以直接读/写 RAM 中的内容。RAM 有两个主要的特点：一是其中的信息随时可以读出或写入，当写入时，原来存储的数据将被冲掉；二是加电使用时其中的信息会完好无缺，但是一旦断电（关机或意外掉电），RAM 中存储的数据就会消失，而且无法恢复。（参考答案：C）

（29）下列各存储器中存取速度最快的一种是（ ）。

    A．U 盘   B．内存储器   C．光盘   D．固定硬盘

解析 计算机存储器可分为两大类：内存储器和外存储器。内存储器是主机的一个组成部分，它与 CPU 直接进行数据的交换，而外存储器不能直接与 CPU 进行数据信息交换，必须通过内存储器才能与 CPU 进行信息交换，相对来说外存储器的存取速度没有内存储器的存取速度快。U 盘、光盘和固定硬盘都是外存储器。（参考答案：B）

（30）下列各存储器中存取速度最快的一种是（ ）。

    A．RAM   B．光盘   C．U 盘   D．硬盘

解析 同上题，内存储器由 RAM 和 ROM 组成，所以 RAM 属于内存储器的一种。（参考答案：A）

（31）用来存储当前正在运行的应用程序和其相应数据的存储器是（ ）。

    A．内存   B．硬盘   C．U 盘   D．CD-ROM

解析 RAM 用于存放当前使用的程序、数据、中间结果和外存交换的数据，RAM 又属于内存储器的一种。（参考答案：A）

（32）在 CD 光盘上标记"CD-RW"字样，"RW"标记表明该光盘是（ ）。

    A．只能写入一次，可以反复读出的一次性写入光盘

    B．可多次擦除型光盘

    C．只能读，不能写的只读型光盘

    D．其驱动器是单倍速为 1350KB/s 的高密度可读写光盘

解析 CD-RW，是 CD-ReWritable 的缩写，为一种可以重复写入的技术，而将这种技术应用在光盘刻录机上的产品即称为 CD-RW。（参考答案：B）

（33）Cache 的中文译名是（　　）。

　　A. 缓冲器　　　　B. 只读存储器　　　C. 高速缓冲存储器　　D. 可编程只读存储器

解析　Cache 是高速缓冲存储器。高速缓存的特点是存取速度快、容量小，它存储的内容是主存中经常被访问的程序和数据的副本，使用它的目的是提高计算机的运行速度。（参考答案：C）

（34）UPS 是指（　　）。

　　A. 大功率稳压电源　　　　　　　　B. 不间断电源
　　C. 用户处理系统　　　　　　　　　D. 联合处理系统

解析　不间断电源（UPS）总是直接由电池为计算机供电，当停电时，文件服务器可使用 UPS 提供的电源继续工作，UPS 中包含一个变流器，它可以将电池中的直流电转成纯正的正弦交流电供给计算机使用。（参考答案：B）

（35）计算机指令主要存放在（　　）。

　　A. CPU　　　　　B. 内存　　　　　　C. 硬盘　　　　　　D. 键盘

解析　RAM 用于存放当前使用的程序、数据、中间结果和外存交换的数据。（参考答案：B）

【任务 4】输入设备。

（1）在外围设备中，扫描仪属于（　　）。

　　A. 输出设备　　　B. 存储设备　　　　C. 输入设备　　　　D. 特殊设备

解析　外围设备包括输入设备和输出设备。其中，扫描仪是输入设备，常有的输入设备还有鼠标、键盘、手写板等。（参考答案：C）

（2）计算机的硬件主要包括中央处理器（CPU）、存储器、输出设备和（　　）。

　　A. 键盘　　　　　B. 鼠标　　　　　　C. 显示器　　　　　D. 输入设备

解析　计算机的硬件主要包括中央处理器（CPU）、存储器、输出设备和输入设备。键盘和鼠标属于输入设备，显示器属于输出设备。（参考答案：D）

（3）组成计算机硬件系统的基本部分是（　　）。

　　A. CPU、键盘和显示器　　　　　　B. 主机和输入/输出设备
　　C. CPU 和输入/输出设备　　　　　D. CPU、硬盘、键盘和显示器

解析　计算机的硬件系统由主机和外围设备组成。主机的结构部件为中央处理器、内存储器。外围设备的结构部件为外部存储器、输入设备、输出设备和其他设备。（参考答案：B）

（4）把硬盘上的数据传送到计算机内存中的操作称为（　　）。

　　A. 读盘　　　　　B. 写盘　　　　　　C. 输出　　　　　　D. 存盘

解析　写盘就是通过磁头往媒介写入信息数据的过程。读盘就是磁头读取存储在媒介上的数据的过程，如硬盘磁头读取硬盘中的信息数据、光盘磁头读取光盘信息等。（参考答案：A）

（5）下列设备中，可以作为微机输入设备的是（　　）。

　　A. 打印机　　　　B. 显示器　　　　　C. 鼠标　　　　　　D. 绘图仪

解析　打印机、显示器和绘图仪属于输出设备，只有鼠标属于输入设备。（参考答案：C）

（6）下列设备组中完全属于输入设备的一组是（　　）。

　　A. CD-ROM 驱动器、键盘、显示器　　B. 绘图仪、键盘、鼠标
　　C. 键盘、鼠标、扫描仪　　　　　　　D. 打印机、硬盘、条码阅读器

解析　鼠标、键盘、扫描仪、条码阅读器都属于输入设备。打印机、显示器、绘图仪属于输出设备。CD-ROM 驱动器、硬盘属于存储设备。（参考答案：C）

（7）在微机中，I/O 设备是指（　　）。

　　　A. 控制设备　　　　B. 输入/输出设备　　　C. 输入设备　　　　D. 输出设备

解析　输入/输出设备又称 I/O 设备、外围设备、外围设备等，简称外设。（参考答案：B）

（8）摄像头属于（　　）。

　　　A. 控制设备　　　　B. 存储设备　　　　C. 输出设备　　　　D. 输入设备

解析　摄像头是视频输入设备。（参考答案：D）

（9）下列描述中正确的是（　　）。

　　　A. 光盘驱动器属于主机，而光盘属于外设

　　　B. 摄像头属于输入设备，而投影仪属于输出设备

　　　C. U 盘即可以用作外存，也可以用作内存

　　　D. 硬盘是辅助存储器，不属于外设

解析　输入设备是用来向计算机输入命令、程序、数据、文本、图形、图像、音频和视频等信息的，所以摄像头属于输入设备。输出设备的主要功能是将计算机处理后的各种内部格式的信息转换为人们能识别的形式（如文字、图形、图像和声音等）表达出来，所以投影仪属于输出设备。（参考答案：B）

【任务 5】 输出设备。

（1）下列设备中不能作为微机输出设备的是（　　）。

　　　A. 鼠标　　　　　　B. 打印机　　　　　C. 显示器　　　　　D. 绘图仪

解析　鼠标和键盘都属于输入设置，打印机，显示器和绘图仪都为输出设备。（参考答案：A）

（2）在微机的硬件设备中，有一种设备在程序设计中既可以作为输出设备，又可以作为输入设备，这种设备是（　　）。

　　　A. 绘图仪　　　　　B. 网络摄像头　　　C. 手写笔　　　　　D. 磁盘驱动器

解析　绘图仪是输出设备，网络摄像头和手写笔是输入设备，磁盘驱动器既可以作为输入设备也可以作为输出设备。（参考答案：D）

（3）通常打印质量最好的打印机是（　　）。

　　　A. 针式打印机　　　B. 点阵打印机　　　C. 喷墨打印机　　　D. 激光打印机

解析　打印机有两个重要指标：一个是打印机分辨率，即每英寸打印点的数目，包括纵向与横向两个方向，分辨率用 dpi（dotperinch）表示，它决定打印效果的清晰度；另一个是打印速度，每分钟打印的页数（A4 纸），用 ppm（pageperminute）表示，它指打印速度的快慢。显然这两个指标越高越好。激光打印机是利用激光扫描把要打印的字符在感光鼓表面形成静电潜像，然后转成磁信号。使磁粉吸附在打印纸上，经定影后输出。由于激光光束能聚焦成很细的光点，因此激光打印机的分辨率很高。激光打印机印刷质量相当好，速度快，噪声小。（参考答案：D）

（4）下列设备组中完全属于计算机输出设备的一组是（　　）。

　　　A. 喷墨打印机、显示器、键盘　　　　　B. 激光打印机、键盘、鼠标

　　　C. 键盘、鼠标、扫描仪　　　　　　　　D. 打印机、绘图仪、显示器

解析　输出设备的任务是将计算机的处理结果以人或其他设备所能接受的形式送出计算机。常用的输出设备有打印机、显示器和数据投影设备。本题中键盘、鼠标和扫描仪都属于输入设备。（参考答案：D）

（5）下列选项中不属于显示器主要技术指标的是（　　）。

　　A. 分辨率　　　　B. 质量　　　　　C. 像素的点距　　D. 显示器的尺寸

解析　显示器的主要性能指标为：像素的点距、分辨率与显示器的尺寸。（参考答案：B）

（6）下列设备组中完全属于外围设备的一组是（　　）。

　　A. 激光打印机、移动硬盘、鼠标

　　B. CPU、键盘、显示器

　　C. SRAM 内存条、CD-ROM 驱动器、扫描仪

　　D. U 盘、内存储器、硬盘

解析　注意本题的要求是"完全"属于"外围设备"的一组。一个完整的计算机包括硬件系统和软件系统，其中硬件系统包括中央处理器、存储器、输入/输出设备。输入/输出设备就是所说的外围设备，主要包括键盘、鼠标、显示器、打印机、扫描仪、数字化仪、光笔、触摸屏、条形码读入器、绘图仪、移动存储设备等。（参考答案：A）

（7）下列设备组中完全属于外围设备的一组是（　　）。

　　A. CD-ROM 驱动器、CPU、键盘、显示器

　　B. 激光打印机、键盘、CD-ROM 驱动器、鼠标

　　C. 主存储器、CD-ROM 驱动器、扫描仪、显示器

　　D. 打印机、CPU、内存储器、硬盘

解析　同上题。（参考答案：B）

（8）在微机中，VGA 属于（　　）。

　　A. 微机型号　　　B. 显示器型号　　C. 显示标准　　　D. 打印机型号

解析　VGA 是 IBM 在 1987 年随 PS/2 机一起推出的一种视频传输标准，具有分辨率高、显示速率快、颜色丰富等优点，在彩色显示器领域得到广泛的应用。（参考答案：C）

（9）某 800 万像素的数码相机，拍摄照片的最高分辨率大约是（　　）。

　　A. 3 200×2 400　　B. 2 048×1 600　　C. 1 600×1 200　　D. 1 024×768

解析　100 万像素的数码相机的最高可拍摄分辨率大约是 1 024×768；

200 万像素的数码相机的最高可拍摄分辨率大约是 1 600×1 200；

300 万像素的数码相机的最高可拍摄分辨率大约是 2 048×1 600；

800 万像素的数码相机的最高可拍摄分辨率大约是 3 200×2 400。（参考答案：A）

（10）显示器的参数：1 024×768，它表示（　　）。

　　A. 显示器分辨率　　　　　　　　B. 显示器颜色指标

　　C. 显示器屏幕大小　　　　　　　D. 显示每个字符的列数和行数

解析　显示器的参数：1 024×768，它表示显示器分辨率。（参考答案：A）

（11）显示器的分辨率为 1 024×768，若能同时显示 256 种颜色，则显示存储器的容量至少为（　　）。

　　A. 192 KB　　　　B. 384 KB　　　　C. 768 KB　　　　D. 1 536 KB

解析　计算机中显示器灰度和颜色的类型是用二进制位数编码来表示的。例如，4 位二进制编码可表示 2^4=16 种颜色，8 位二进制编码可表示 2^8=256 种颜色，所以显示器的容量至少应等于分辨率乘以颜色编码位数，然后除以 8 转换成字节数，再除以 1 024 以 KB 形式来表示，即 1 024×768×8/8/1 024 KB=768 KB。（参考答案：C）

（12）液晶显示器（LCD）的主要技术指标不包括（　　）。

    A．显示分辨率　　B．显示速度　　　　C．亮度和对比度　D．存储容量

解析　LCD 的主要技术指标有分辨率、点距、波纹、响应时间、可视角度、刷新率、亮度和对比度、信号输入接口、坏点等。其中分辨率是指单位面积显示像素的数量，液晶显示器的标准分辨率是固定不变的，非标准分辨率由 LCD 内部的芯片通过插值算法计算而得。存储容量是存储设备的主要技术指标，不是液晶显示器的主要技术指标。（参考答案：D）

【任务 6】计算机的结构。

（1）微机硬件系统中最核心的部件是（　　）。

    A．内存储器　　　　B．输入/输出设备　　C．CPU　　　　　　D．硬盘

解析　中央处理器（CPU）主要包括运算器（ALU）和控制器（CU）两大部件。它是计算机的核心部件。（参考答案：C）

（2）在计算机中，每个存储单元都有一个连续的编号，此编号称为（　　）。

    A．地址　　　　　　B．位置号　　　　　C．门牌号　　　　　D．房号

解析　计算机的内存是按字节来进行编址的，每一字节的存储单元对应一个地址编码。（参考答案：A）

（3）下列关于 CPU 的叙述中正确的是（　　）。

    A．CPU 能直接读取硬盘上的数据　　　　B．CPU 能直接与内存储器交换数据

    C．CPU 主要组成部分是存储器和控制器　D．CPU 主要用来执行算术运算

解析　CPU 是由运算器和控制器两部分组成，可以完成指令的解释与执行。计算机的存储器分为内存储器和外存储器。内存储器是计算机主机的一个组成部分，它与 CPU 直接进行信息交换，CPU 直接读取内存中的数据。（参考答案：B）

（4）计算机的系统总线是计算机各部件间传递信息的公共通道，它分（　　）。

    A．数据总线和控制总线　　　　　　　B．地址总线和数据总线

    C．数据总线、地址总线和控制总线　　D．地址总线和控制总线

解析　总线就是系统部件之间传送信息的公共通道，各部件由总线连接并通过它传递数据和控制信号。总线分为内部总线和系统总线，系统总线又分为数据总线、地址总线和控制总线。（参考答案：C）

（5）能直接与 CPU 交换信息的存储器是（　　）。

    A．硬盘存储器　　B．CD-ROM　　　　C．内存储器　　　　D．U 盘存储器

解析　CPU 是由运算器和控制器两部分组成，可以完成指令的解释与执行。计算机的存储器分为内存储器和外存储器。内存储器是计算机主机的一个组成部分，它与 CPU 直接进行信息交换，CPU 直接读取内存中的数据。（参考答案：C）

项目 6　计算机的软件系统

【任务 1】软件概念。

（1）组成计算机系统的两大部分是（　　）。

    A．硬件系统和软件系统　　　　　　B．主机和外围设备

    C．系统软件和应用软件　　　　　　D．输入设备和输出设备

解析　硬件系统和软件系统是计算机系统两大组成部分。输入设备和输出设备、主机和外围设备属于硬件系统。系统软件和应用软件属于软件系统。（参考答案：A）

（2）汇编语言是一种（　　）。

    A．依赖于计算机的低级程序设计语言　　　B．计算机能直接执行的程序设计语言

    C．独立于计算机的高级程序设计语言　　　D．执行效率较低的程序设计语言

解析　汇编语言需要经过汇编程序转换成可执行的机器语言，才能在计算机上运行。汇编语言不同于机器语言，直接在计算机上执行。（参考答案：A）

（3）计算机硬件能直接识别和执行的语言是（　　）。

    A．汇编语言　　　　B．机器语言　　　　C．高级程序语言　　　　D．C++

解析　计算机硬件唯一能识别的语言就是机器语言，其他语言必须转换成机器语言才能被计算机识别。（参考答案：B）

（4）下列叙述中正确的是（　　）。

    A．C++是一种高级程序设计语言

    B．用C++程序设计语言编写的程序可以无须经过编译就能直接在机器上运行

    C．汇编语言是一种低级程序设计语言，且执行效率很低

    D．机器语言和汇编语言是同一种语言的不同名称

解析　程序设计语言通常分为机器语言、汇编语言和高级语言三类。机器语言是计算机唯一能够识别并直接执行的语言。必须用翻译的方法把高级语言源程序翻译成等价的机器语言程序才能在计算机上执行。高级语言有C、C++、Visual Basic等。（参考答案：A）

（5）为了提高软件开发效率，开发软件时应尽量采用（　　）。

    A．汇编语言　　　　B．机器语言　　　　C．指令系统　　　　D．高级语言

解析　所谓高级语言是一种用表达各种意义的"词"和"数学公式"按照一定的"语法规则"编写程序的语言。高级语言的使用，大大提高了编写程序的效率，改善了程序的可读性。

机器语言是计算机唯一能够识别并直接执行的语言。由于机器语言中每条指令都是一串二进制代码，因此可读性差、不易记忆；编写程序既难又繁，容易出错；程序的调试和修改难度也很大。

汇编语言不再使用难以记忆的二进制代码，而是使用比较容易识别、记忆的助记符号。汇编语言和机器语言的性质差不多，只是表示方法上的改进。（参考答案：D）

（6）CPU的指令系统又称为（　　）。

    A．汇编语言　　　　B．机器语言　　　　C．程序设计语言　　　　D．符号语言

解析　指令系统又称机器语言。每条指令都对应一串二进制代码。（参考答案：B）

（7）下列叙述中正确的是（　　）。

    A．用高级语言编写的程序称为源程序

    B．计算机能直接识别、执行用汇编语言编写的程序

    C．机器语言编写的程序执行效率最低

    D．不同型号的CPU具有相同的机器语言

解析　计算机能直接识别、执行用机器语言编写的程序，因此，选项B是错误的。

机器语言编写的程序执行效率是所有语言中最高的，因此，选项C是错误的。

由于每台计算机的指令系统往往各不相同，因此，在一台计算机上执行的程序，要想在另一

台计算机上执行，必须另编程序，不同型号的 CPU 不能使用相同的机器语言，选项 D 是错误的。（参考答案：A）

（8）计算机软件的确切含义是（　　）。

  A．计算机程序、数据与相应文档的总称

  B．系统软件与应用软件的总和

  C．操作系统、数据库管理软件与应用软件的总和

  D．各类应用软件的总称

解析 软件是指运行在计算机硬件上的程序、运行程序所需的数据和相关文档的总称。（参考答案：A）

（9）用高级语言编写的程序（　　）。

  A．计算机能直接执行   B．具有良好的可读性和可移植性

  C．执行效率高   D．依赖于具体机器

解析 用高级语言编写的程序具有可读性和可移植性，基本上不做修改就能用于各种型号的计算机和各种操作系统。对源程序而言，经过编译、连接成可执行文件，就可以直接在本机运行该程序。（参考答案：B）

（10）以下不属于高级语言的有（　　）。

  A．Visual Basic   B．C++

  C．FORTRAN   D．汇编语言

解析 机器语言和汇编语言都是"低级"的语言，而高级语言是一种用表达各种意义的"词"和"数学公式"按照一定的语法规则编写程序的语言，如 C、C++、Visual Basic、FORTAN 等，其中 FORTAN 是世界上最早出现的计算机高级程序设计语言。（参考答案：D）

（11）用高级语言编写的程序转换成等价的可执行程序，必须经过（　　）。

  A．汇编和解释 B．编辑和连接   C．编译和连接   D．解释和编译

解析 一个高级语言源程序必须过"编译"和"连接装配"两步后才能成为可执行的机器语言程序。（参考答案：C）

（12）下列叙述中正确的是（　　）。

  A．高级语言编写的程序可移植性差

  B．机器语言就是汇编语言，无非是名称不同而已

  C．指令是由一串二进制数（0、1）组成的

  D．用机器语言编写的程序可读性好

解析 用高级语言编写的程序具有可读性和可移植性，基本上不做修改就能用于各种型号的计算机和各种操作系统，所以选项 A 是错误的。

机器语言可以直接在计算机上运行。汇编语言需要经过汇编程序转换成可执行的机器语言后，才能在计算机上运行，所以选项 B 是错误的。

机器语言中每条指令都是一串二进制代码，因此可读性差，不容易记忆，编写程序复杂，容易出错，所以选项 D 是错误的。（参考答案：C）

（13）用高级语言编写的源程序翻译成目标程序（.obj）的程序称为（　　）。

  A．汇编程序 B．编辑程序   C．编译程序   D．解释程序

解析 用高级语言编写的程序称为源程序，源程序不可直接运行。要在计算机上使用高级

语言，必须先经过编译，把用高级语言编制的程序翻译成机器指令程序，再经过连接装配，把经编译程序产生的目标程序变成可执行的机器语言程序，这样才能使用该高级语言。（参考答案：C）

（14）解释程序的功能是（　　）。

    A．解释执行汇编语言程序   B．解释执行高级语言程序

    C．将汇编语言程序解释成目标程序   D．将高级语言程序解释成目标程序

解析　所谓解释程序是高级语言翻译程序的一种，它将源语言（如 BASIC）书写的源程序作为输入，解释一句后就提交计算机执行一句，并不形成目标程序。（参考答案：B）

（15）下列描述中正确的是（　　）。

    A．计算机不能直接执行高级语言源程序，但可以直接执行汇编语言源程序

    B．高级语言与 CPU 型号无关，但汇编语言与 CPU 型号相关

    C．高级语言源程序不如汇编语言源程序的可读性好

    D．高级语言程序不如汇编语言程序的移植性好

解析　汇编语言中由于使用了助记符号，用汇编语言编制的程序输入计算机，计算机不能像用机器语言编写的程序一样直接识别和执行，必须通过预先放入计算机的"汇编程序"进行加工和翻译，才能变成能够被计算机直接识别和处理的二进制代码程序。

对于不同型号的计算机，有着不同结构的汇编语言。因此汇编语言与 CPU 型号相关，但高级语言与 CPU 型号无关。

汇编语言编写复杂程序时，相对高级语言代码量较大，而且汇编语言依赖于具体的处理器体系结构，不能通用，因此不能直接在不同处理器体系结构之间移植。（参考答案：B）

（16）下列说法正确的是（　　）。

    A．以下说法全部正确

    B．计算机可以直接执行高级语言编写的程序

    C．计算机可以直接执行机器语言编写的程序

    D．系统软件是买来的软件，应用软件是自己编写的软件

解析　计算机能直接识别并执行用机器语言编写的程序，机器语言编写的程序执行效率最高。（参考答案：C）

（17）下列叙述中正确的是（　　）。

    A．用高级语言编写的程序可移植性好

    B．用高级语言编写的程序运行效率最高

    C．机器语言编写的程序执行效率最低

    D．高级语言编写的程序的可读性最差

解析　机器语言编写的程序执行效率最高，高级语言编写的程序的可读性最好，高级语言编写的程序（如 Java）可移植性好。（参考答案：A）

（18）面向对象的程序设计语言是一种（　　）。

    A．依赖于计算机的低级语言   B．计算机能直接执行的程序设计语言

    C．可移植性较好的高级语言   D．执行效率较高的程序设计语言

解析　计算机语言具有高级语言和低级语言之分。而高级语言又主要是相对于汇编语言而言的，它是较接近自然语言和数学公式的编程，基本脱离了机器的硬件系统，用人们更易理解的方

式编写程序。

用高级语言编写的源程序在计算机中是不能直接执行的，必须翻译成机器语言后程序才能执行，所以执行效率不高。面向对象的语言属于高级程序设计语言，可移植性较好。（参考答案：C）

（19）在各类程序设计语言中，相比较而言，执行效率最高的是（　　）。

    A．高级语言编写的程序   B．汇编语言编写的程序

    C．机器语言编写的程序   D．面向对象的语言编写的程序

解析 由于机器语言程序直接在计算机硬件上执行，所以效率比较高，能充分发挥计算机高速计算的能力。

对机器来讲，汇编语言是无法直接执行的，必须经过用汇编语言编写的程序翻译成机器语言程序，机器才能执行。

用高级语言编写的源程序在计算机中是不能直接执行的，必须翻译成机器语言后程序才能执行。

因此，执行效率最高的是机器语言编写的程序。（参考答案：C）

（20）以下语言本身不能作为网页开发语言的是（　　）。

    A．C++   B．ASP   C．JSP   D．HTML

解析 常见的网页开发语言有 HTML、ASP、ASP.net、PHP、JSP。（参考答案：A）

（21）编译程序将高级语言程序翻译成与之等价的机器语言程序，该机器语言程序称为（　　）。

    A．工作程序   B．机器程序   C．临时程序   D．目标程序

解析 将高级语言源程序翻译成目标程序的软件称为编译程序。（参考答案：D）

（22）与高级语言相比，汇编语言编写的程序通常（　　）。

    A．执行效率更高 B．更短   C．可读性更好   D．移植性更好

解析 汇编语言是一种把机器语言"符号化"的语言，汇编语言的指令和机器指令基本上一一对应。机器语言直接用二进制代码，而汇编语言指令采用了助记符。高级语言具有严格的语法规则和语义规则，在语言表示和语义描述上，它更接近人类的自然语言（指英语）和数学语言。因此与高级语言相比，汇编语言编写的程序执行效率更高。（参考答案：A）

（23）用助记符代替操作码、地址符号代替操作数的面向机器的语言是（　　）。

    A．汇编语言   B．FORTRAN   C．机器语言   D．高级语言

解析 汇编语言是面向机器的程序设计语言。在汇编语言中，用助记符（Memoni）代替操作码，用地址符号（Symbol）或标号（Label）代替地址码。（参考答案：A）

（24）将目标程序（.obj）转换成可执行文件（.exe）的程序称为（　　）。

    A．编辑程序   B．编译程序   C．连接程序   D．汇编程序

解析 将目标程序（.obj）转换成可执行文件（.exe）的程序称为连接程序。（参考答案：C）

（25）关于汇编语言程序（　　）。

    A．相对于高级语言程序具有良好的可移植性

    B．相对于高级语言程序具有良好的可读性

    C．相对于机器语言程序具有良好的可移植性

    D．相对于机器语言程序具有较高的执行效率

解析 与高级语言程序相比，汇编语言程序执行效率更高。

　　由于机器语言程序直接在计算机硬件级上执行。对机器来讲，汇编语言是无法直接执行的，必须经过用汇编语言编写的程序翻译成机器语言程序，机器才能执行。因此汇编语言程序的执行效率比机器语言低。

　　高级语言接近于自然语言，汇编语言的可移植性、可读性不如高级语言，但是相对于机器语言来说，汇编语言的可移植性、可读性要好一些。（参考答案：C）

　　（26）下列属于计算机程序设计语言的是（　　）。

　　　　A．ACDSee　　　　B．Visual Basic　　　　C．Wave Edit　　　　D．WinZip

　　解析　程序设计语言是人们用来与计算机交流的语言，分为机器语言、汇编语言与高级语言 3 类。计算机高级语言的种类很多，常见的有 Pascal、C、C++、Visual Basic、Visual C、Java 等。（参考答案：B）

　　（27）下列选项属于面向对象的程序设计语言的是（　　）。

　　　　A．Java 和 C　　　　　　　　　　B．Java 和 C++

　　　　C．Visual Basic 和 C　　　　　　D．Visual Basic 和 Word

　　解析　一般认为，较典型的面向对象的语言有 simula 67、Smalltalk、EIFFEL、C++、Java、C#。（参考答案：B）

　　（28）高级程序设计语言的特点是（　　）。

　　　　A．高级语言数据结构丰富

　　　　B．高级语言与具体的机器结构密切相关

　　　　C．高级语言接近算法语言不易掌握

　　　　D．用高级语言编写的程序计算机可立即执行

　　解析　所谓高级语言是一种用表达各种意义的"词"和"数学公式"按照一定的"语法规则"编写程序的语言。高级语言的使用大大提高了编写程序的效率，改善了程序的可读性。高级语言主要是相对于汇编语言而言的，它是较接近自然语言和数学公式的编程方式，基本脱离了机器的硬件系统，用人们更易理解的方式编写程序。用高级语言编写的源程序在计算机中是不能直接执行的，必须翻译成机器语言后程序才能执行。（参考答案：A）

　　（29）下列说法中错误的是（　　）。

　　　　A．汇编语言是一种依赖于计算机的低级程序设计语言

　　　　B．计算机可以直接执行机器语言程序

　　　　C．高级语言通常都具有执行效率高的特点

　　　　D．为提高开发效率，开发软件时应尽量采用高级语言

　　解析　由于机器语言程序直接在计算机硬件上执行，所以效率比较高，能充分发挥计算机高速计算的能力。

　　用汇编语言编写程序与机器语言相比，除较直观和易记忆外，仍然存在工作量大、面向机器、无通用性等缺点，所以一般称汇编语言为"低级语言"，它仍然依赖于具体的机器。

　　用高级语言编写程序，可简化程序编制和测试，其通用性和可移植性好。（参考答案：C）

　　（30）以下程序设计语言是低级语言的是（　　）。

　　　　A．FORTRAN　　　　　　　　　　B．Java

　　　　C．Visual Basic　　　　　　　　　D．80X86 汇编语言

　　解析　用汇编语言编写程序与机器语言相比，除较直观和易记忆外，仍然存在工作量大、面

向机器，无通用性等缺点，所以一般称汇编语言为"低级语言"，它仍然依赖于具体的机器。（参考答案：D）

（31）早期的计算机语言中，所有的指令、数据都用一串二进制数 0 和 1 表示，这种语言称为（ ）。

    A．Basic   B．机器语言   C．汇编语言   D．Java

解析 在计算机中，指挥计算机完成某个基本操作的命令称为指令。所有的指令集合称为指令系统，直接用二进制代码表示指令系统的语言称为机器语言。（参考答案：B）

（32）下列说法中正确的是（ ）。

    A．与编译方式执行程序相比，解释方式执行程序的效率更高

    B．与汇编语言相比，高级语言程序的执行效率更高

    C．与机器语言相比，汇编语言的可读性更差

    D．其他三项都不对

解析 编译方式是将源程序经编译、连接得到可执行文件后，就可脱离源程序和编译程序而单独执行，所以编译方式的效率高，执行速度快；而解释方式在执行时，源程序和解释程序必须同时参与才能运行，由于不产生目标文件和可执行程序文件，解释方式的效率相对较低，执行速度较慢。

与高级语言程序相比，汇编执行效率更高。相对机器语言来说，汇编语言更容易理解、便于记忆。（参考答案：D）

（33）将汇编源程序翻译成目标程序（.obj）的程序称为（ ）。

    A．编辑程序   B．编译程序   C．连接程序   D．汇编程序

解析 将汇编语言源程序翻译成目标程序的软件称为汇编程序。（参考答案：D）

（34）面向对象的程序设计语言是（ ）。

    A．汇编语言   B．机器语言   C．高级程序语言   D．形式语言

解析 面向对象的程序设计语言属于高级语言。（参考答案：C）

（35）以下关于编译程序的说法正确的是（ ）。

    A．编译程序直接生成可执行文件

    B．编译程序直接执行源程序

    C．编译程序完成高级语言程序到低级语言程序的等价翻译

    D．各种编译程序构造都比较复杂，所以执行效率高

解析 机器语言和汇编语言称为计算机低级语言，C 语言等在表示上接近自然语言和数学语言，称为高级语言。编译程序把高级语言写的源程序转换为机器指令的程序，即目标程序。源程序经过编译生成目标文件，然后经过连接程序产生可执行程序。（参考答案：C）

（36）用 C 语言编写的程序称为（ ）。

    A．可执行程序   B．源程序   C．目标程序   D．编译程序

解析 用高级语言编写的程序称为源程序，源程序不可直接运行。要在计算机上使用高级语言，必须先经过编译，把用高级语言编制的程序翻译成机器指令程序，再经过连接装配，把经编译程序产生的目标程序变成可执行的机器语言程序，这样才能使用该高级语言。

高级语言有 C、C++、Visual Basic 等。（参考答案：B）

（37）下列说法中正确的是（　　）。

  A．编译程序的功能是将高级语言源程序编译成目标程序

  B．解释程序的功能是解释执行汇编语言程序

  C．解释程序的功能是解释执行汇编语言程序

  D．C++和 Basic 语言都是高级语言，因此它们的执行效率相同

  解析　编译程序把高级语言写的源程序转换为机器指令的程序，即目标程序。源程序经过编译生成目标文件，然后经过连接程序产生可执行程序。汇编语言是编译语言，Intel 架构的 PC 机指令向下兼容，不同的高级语言在运行机制上有所不同，效率不能一概而论。（参考答案：A）

（38）一个完整的计算机软件系统应包含（　　）。

  A．系统软件和应用软件   B．编辑软件和应用软件

  C．数据库软件和工具软件   D．程序、相应数据和文档

  解析　软件是指运行在计算机硬件上的程序、运行程序所需的数据和相关文档的总称。（参考答案：D）

（39）下列说法中正确的是（　　）。

  A．只要将高级程序语言编写的源程序文件（如 try.c）的扩展名更改为.exe，则它就成为可执行文件

  B．高档计算机可以直接执行用高级语言编写的程序

  C．高级语言源程序只有经过编译和连接后才能成为可执行程序

  D．用高级语言编写的程序可移植性和可读性都很差

  解析　一个高级语言源程序必须过"编译"和"连接装配"两步后才能成为可执行的机器语言程序。（参考答案：C）

（40）一个高级语言源程序必须过"编译"和"连接装配"两步后才能成为可执行的机器语言程序。（　　）

  A．编译程序属于计算机应用软件，所有用户都需要编译程序

  B．编译程序不会生成目标程序，而是直接执行源程序

  C．编译程序完成高级语言程序到低级语言程序的等价翻译

  D．编译程序构造比较复杂，一般不进行出错处理

  解析　计算机软件系统包括系统软件和应用软件，系统软件又包括解释程序、编译程序、监控管理程序、故障检测程序，操作系统等，选项 A 不正确。

  将高级语言源程序翻译成目标程序的软件称为编译程序，选项 B 不正确。

  编译程序是把用高级语言或计算机汇编语言编写的源程序，翻译成等价的机器语言格式目标程序的翻译程序。低级语言即机器语言。因此，选项 C 正确。

  编译程序把一个源程序翻译成目标程序的工作过程分为五个阶段：词法分析；语法分析；语义检查和中间代码生成；代码优化；目标代码生成。主要是进行词法分析和语法分析，又称为源程序分析，分析过程中发现有语法错误，给出提示信息。选项 D 不正确。（参考答案：C）

【任务 2】软件系统及其组成。

（1）编译程序属于（　　）。

  A．系统软件   B．应用软件   C．操作系统   D．数据库管理软件

  解析　计算机软件系统包括系统软件和应用软件，系统软件又包括解释程序、编译程序、监

控管理程序、故障检测程序、操作系统等；应用软件是用户利用计算机以及它所提供的系统软件、编制解决用户各种实际问题的程序。操作系统是紧靠硬件的一层系统软件，由一整套分层次的控制程序组成，统一管理计算机的所有资源。（参考答案：A）

（2）在所列出的：①文字处理软件；②Linux；③Unix；④学籍管理系统；⑤Windows 7；⑥ Office 2010 等六个软件中，属于系统软件的有（   ）。

    A．①②③   B．②③⑤   C．①②③⑤   D．全部都不是

解析 软件系统可以分为系统软件和应用软件两大类。

系统软件由一组控制计算机系统并管理其资源的程序组成，其主要功能包括：启动计算机、存储、加载和执行应用程序，对文件进行排序、检索，将程序语言翻译成机器语言等。

操作系统是直接运行在"裸机"上的最基本的系统软件。

本题中的 Linux、Unix 和 Windows 7 都属于操作系统。而其余选项都属于计算机的应用软件。（参考答案：B）

（3）组成一个计算机系统的两大部分是（   ）。

    A．系统软件和应用软件   B．硬件系统和软件系统

    C．主机和外围设备   D．主机和输入/出设备

解析 硬件系统和软件系统是计算机系统两大组成部分。输入/出设备、主机和外围设备属于硬件系统。系统软件和应用软件属于软件系统。（参考答案：B）

（4）下列软件中属于应用软件的是（   ）。

    A．Windows 7   B．PowerPoint 2010   C．UNIX   D．Linux

解析 PowerPoint 2010 属于应用软件，而 Windows 7、UNIX 和 Linux 属于系统软件。（参考答案：B）

（5）下列各组软件中属于应用软件的是（   ）。

    A．Windows 7 和管理信息系统   B．UNIX 和文字处理程序

    C．Linux 和视频播放系统   D．Office 2010 和军事指挥程序

解析 Windows 7、UNIX、Linux 都属于系统软件。管理信息系统、文字处理程序、视频播放系统、军事指挥程序、Office 2010 都属于应用软件。（参考答案：D）

（6）下列软件中属于系统软件的是（   ）。

    A．C++编译程序   B．Excel 2010   C．学籍管理系统   D．财务管理系统

解析 计算机软件系统包括系统软件和应用软件，系统软件又包括解释程序、编译程序、监控管理程序、故障检测程序、操作系统等；应用软件是用户利用计算机以及它所提供的系统软件、编制解决用户各种实际问题的程序。

C++编译程序属于系统软件；Excel 2010、学籍管理系统和财务管理系统属于应用软件。（参考答案：A）

（7）计算机系统软件中，最基本、最核心的软件是（   ）。

    A．操作系统   B．数据库管理系统   C．程序语言处理系统 D．系统维护工具

解析 在计算机软件中最重要且最基本的就是操作系统（OS）。它是底层软件，控制所有计算机运行的程序并管理整个计算机的资源，是计算机裸机与应用程序及用户之间的桥梁。没有它，用户也就无法使用某种软件或程序。（参考答案：A）

（8）下列各组软件中全部属于应用软件的是（　　）。

　　A. 音频播放系统、语言编译系统、数据库管理系统

　　B. 文字处理程序、军事指挥程序、Unix

　　C. 导弹飞行系统、军事信息系统、航天信息系统

　　D. Word 2010、Photoshop、Windows 7

解析　计算机软件分为系统软件和应用软件两大类。操作系统、数据库管理系统等属于系统软件。应用软件是用户利用计算机以及它所提供的系统软件、编制解决用户各种实际问题的程序。（参考答案：C）

（9）下列各组软件中全部属于应用软件的是（　　）。

　　A. 视频播放系统、操作系统　　　　　　B. 军事指挥程序、数据库管理系统

　　C. 导弹飞行控制系统、军事信息系统　　D. 航天信息系统、语言处理程序

解析　计算机软件可以划分为系统软件和应用软件两大类。系统软件包含程序设计语言处理程序、操作系统、数据库管理系统以及各种通用服务程序等。应用软件是为解决实际应用问题而开发的软件的总称。它涉及计算机应用的所有领域，各种科学和计算的软件和软件包、各种管理软件、各种辅助设计软件和过程控制软件都属于应用软件范畴。（参考答案：C）

（10）下列各软件中不是系统软件的是（　　）。

　　A. 操作系统　　　B. 语言处理系统　　　C. 指挥信息系统　　　D. 数据库管理系统

解析　系统软件和应用软件是组成计算机软件系统的两部分。系统软件主要包括操作系统、语言处理系统、系统性能检测和实用工具软件等，数据库管理系统也属于系统软件。（参考答案：C）

（11）下列软件中属于系统软件的是（　　）。

　　A. 航天信息系统　　B. Office 2010　　　C. Windows 7　　　D. 决策支持系统

解析　系统软件主要包括操作系统、语言处理系统、系统性能检测和实用工具软件等。其中最主要的是操作系统，它提供了一个软件运行的环境，如在微机中使用最为广泛的微软公司的Windows 系统，Windows 7 为微软 Windows 系列操作系统的一个版本。（参考答案：C）

（12）下列说法中错误的是（　　）。

　　A. 计算机可以直接执行机器语言编写的程序

　　B. 光盘是一种存储介质

　　C. 操作系统是应用软件

　　D. 计算机速度用 MIPS 表示

解析　系统软件主要包括操作系统、语言处理系统、系统性能检测和实用工具软件等。其中最主要的是操作系统，它提供了一个软件运行的环境。（参考答案：C）

（13）下列叙述中错误的是（　　）。

　　A. 计算机系统由硬件系统和软件系统组成

　　B. 计算机软件由各类应用软件组成

　　C. CPU 主要由运算器和控制器组成

　　D. 计算机主机由 CPU 和内存储器组成

解析　计算机软件分为系统软件和应用软件。（参考答案：B）

（14）下列各项中两个软件均属于系统软件的是（　　）。

　　A. MIS 和 UNIX　　B. WPS 和 UNIX　　　C. DOS 和 UNIX　　　D. MIS 和 WPS

解析 软件系统分为系统软件和应用软件，系统软件如操作系统、多种语言处理程序（汇编和编译程序等）、连接装配程序、系统实用程序、多种工具软件等；应用软件为多种应用目的而编制的程序。

UNIX、DOS 属于系统软件。MIS、WPS 属于应用软件。（参考答案：C）

（15）下列手机中的常用软件中属于系统软件的是（　　）。

    A. 手机 QQ　　　　B. Android　　　　　C. Skype　　　　　　D. 微信

解析 在计算机中，操作系统的功能是管理、控制和监督计算机软件、硬件资源协调运行。它是直接运行在计算机硬件上的最基本的系统软件，是系统软件的核心。Android 是一种以 Linux 为基础的开放源代码操作系统，主要使用于便携设备。因此，对于便携设备来说，Android 属于系统软件。（参考答案：B）

（16）下列叙述中错误的是（　　）。

    A. 把数据从内存传输到硬盘的操作称为写盘

    B. Windows 属于应用软件

    C. 把高级语言编写的程序转换为机器语言的目标程序的过程称为编译

    D. 计算机内部对数据的传输、存储和处理都使用二进制

解析 软件系统分为系统软件和应用软件。Windows 就是广泛使用的系统软件之一，所以选项 B 是错误的。（参考答案：B）

（17）下列各组软件中全部属于应用软件的是（　　）。

    A. 程序语言处理程序、数据库管理系统、财务处理软件

    B. 文字处理程序、编辑程序、Unix 操作系统

    C. 管理信息系统、办公自动化系统、电子商务软件

    D. Word 2010、Windows 7、指挥信息系统

解析 软件可以分为系统软件和应用软件，系统软件主要有操作系统、驱动程序、程序开发语言、数据库管理系统等，应用软件则实现了计算机的一些具体应用功能。（参考答案：C）

（18）Windows 是计算机系统中的（　　）。

    A. 硬盘存储器　　B. 系统软件　　　　C. 工具软件　　　　　D. 应用软件

解析 计算机软件系统包括系统软件和应用软件，系统软件又包括解释程序、编译程序、监控管理程序、故障检测程序、操作系统等。Windows 操作系统属于单用户多任务操作系统。（参考答案：B）

（19）下列软件中属于应用软件的是（　　）。

    A. 操作系统　　　　　　　　　　B. 数据库管理系统

    C. 程序设计语言处理系统　　　　D. 管理信息系统

解析 系统软件和应用软件是组成计算机软件系统的两部分。系统软件主要包括操作系统、语言处理系统、系统性能检测和实用工具软件等，数据库管理系统也属于系统软件。（参考答案：D）

（20）下列软件中属于系统软件的是（　　）。

    A. 办公自动化软件　　　　　　　B. Windows 7

    C. 管理信息系统　　　　　　　　D. 指挥信息系统

解析 软件系统可以分为系统软件和应用软件两大类。系统软件由一组控制计算机系统并管理其资源的程序组成，其主要功能包括启动计算机、存储、加载和执行应用程序，对文件进行排

序、检索，将程序语言翻译成机器语言等。

操作系统是直接运行在"裸机"上的最基本的系统软件。

本题中的 Windows 7 属于操作系统，其他均属于应用软件。（参考答案：B）

项目 7　操 作 系 统

【任务 1】操作系统的概念。

（1）操作系统对磁盘进行读/写操作的物理单位是（　　）。

　　A. 磁道　　　　　　B. 字节　　　　　　C. 扇区　　　　　　D. 文件

解析　操作系统以扇区为单位对磁盘进行读/写操作，扇区是磁盘存储信息的最小物理单位。（参考答案：C）

（2）操作系统中的文件管理系统为用户提供的功能是（　　）。

　　A. 按文件作者存取文件　　　　　　　　B. 按文件名管理文件

　　C. 按文件创建日期存取文件　　　　　　D. 按文件大小存取文件

解析　文件管理系统负责文件的存储、检索、共享和保护，并按文件名管理的方式为用户提供文件操作的方便。（参考答案：B）

（3）下面关于操作系统的叙述中正确的是（　　）。

　　A. 操作系统是计算机软件系统中的核心软件

　　B. 操作系统属于应用软件

　　C. 操作系统的五大功能是启动、打印、显示、文件读/写和关机

　　D. 操作系统的五大功能是启动、打印、显示、文件存取和关机

解析　CPU 是由运算器和控制器两部分组成的，可以完成指令的解释与执行。计算机的存储器分为内存储器和外存储器。内存储器是计算机主机的一个组成部分，它与 CPU 直接进行信息交换，CPU 直接读取内存中的数据。（参考答案：A）

（4）操作系统管理用户数据单位的是（　　）。

　　A. 扇区　　　　　　B. 文件　　　　　　C. 磁道　　　　　　D. 文件夹

解析　操作系统管理用户数据的单位是文件，主要负责文件的存储、检索、共享和保护，为用户提供文件操作的方便。（参考答案：B）

（5）操作系统是计算机软件系统中（　　）。

　　A. 最常用的应用软件　　　　　　　　　B. 最核心的系统软件

　　C. 最通用的专用软件　　　　　　　　　D. 最流行的通用软件

解析　操作系统是运行在计算机硬件上的、最基本的系统软件，是系统软件的核心。（参考答案：B）

（6）操作系统是（　　）。

　　A. 主机与外设的接口　　　　　　　　　B. 用户与计算机的接口

　　C. 系统软件与应用软件的接口　　　　　D. 高级语言与汇编语言的接口

解析　操作系统是系统软件的重要组成和核心，是最贴近硬件的系统软件，是用户同计算机的接口，用户通过操作系统操作计算机并使计算机充分实现其功能。（参考答案：B）

（7）以 .txt 为扩展名的文件通常是（　　）。

　　A．文本文件　　　　B．音频信号文件　　　C．图像文件　　　　D．视频信号文件

解析　txt 是 Windows 操作系统上附带的一种文本格式，主要存储文本信息，即文字信息。以 .txt 为扩展名的文件通常是文本文件。（参考答案：A）

（8）下列关于操作系统的描述中正确的是（　　）。

　　A．操作系统中只有程序没有数据

　　B．操作系统提供的人机交互接口其他软件无法使用

　　C．操作系统是一种最重要的应用软件

　　D．一台计算机可以安装多个操作系统

解析　一台计算机可以安装多个操作系统，安装时需要先安装低版本，再安装高版本。（参考答案：D）

（9）下列说法中正确的是（　　）。

　　A．进程是一段程序　　　　　　　　B．进程是一段程序的执行过程

　　C．线程是一段子程序　　　　　　　D．线程是多个进程的执行过程

解析　进程是操作系统中的一个核心概念，进程的定义：程序的一次执行过程，是系统进行调度和资源分配的一个独立单位。线程是可以独立、并发执行的程序单元。（参考答案：B）

（10）下列说法中正确的是（　　）。

　　A．一个进程会伴随着其程序执行的结束而消亡

　　B．一段程序会伴随着其进程结束而消亡

　　C．任何进程在执行未结束时不允许被强行终止

　　D．任何进程在执行未结束时都可以被强行终止

解析　进程是一个程序与其数据一起在计算机上顺利执行时所发生的活动。简单来说，就是一个正在执行的程序。一个程序被加载到内存，系统就创建了一个进程，程序执行结束后，该进程也就消亡了。（参考答案：A）

（11）计算机操作系统的最基本特征是（　　）。

　　A．并发和共享　　　B．共享和虚拟　　　C．虚拟和异步　　　　D．异步和并发

解析　操作系统具有并发、共享、虚拟和异步性四大特征，其中最基本的特征是并发和共享。（参考答案：A）

（12）计算机系统软件中最核心的是（　　）。

　　A．程序语言处理系统　　　　　　　B．操作系统

　　C．数据库管理系统　　　　　　　　D．诊断程序

解析　在计算机软件中最重要且最基本的就是操作系统（OS）。它是底层软件，控制所有计算机运行的程序并管理整个计算机的资源，是计算机裸机与应用程序及用户之间的桥梁。没有它，用户也就无法使用某种软件或程序。（参考答案：B）

【任务 2】操作系统的功能。

（1）操作系统的主要功能是（　　）。

　　A．对用户的数据文件进行管理，为用户管理文件提供方便

　　B．对计算机的所有资源进行统一控制和管理，为用户使用计算机提供方便

　　C．对源程序进行编译和运行

　　D．对汇编语言程序进行翻译

　　解析　操作系统的主要功能是对计算机的所有资源进行控制和管理，为用户使用计算机提供方便。（参考答案：B）

　　（2）下列选项中完整描述计算机操作系统作用的是（　　）。

　　A．是用户与计算机的界面

　　B．管理用户存储的文件，方便用户

　　C．执行用户输入的各类命令

　　D．管理计算机系统的全部软、硬件资源，合理组织计算机的工作流程，以达到充分利用计算机资源，为用户使用计算机提供友好界面

　　解析　操作系统是管理、控制和监督计算机软件、硬件资源协调运行的程序系统，由一系列具有不同控制和管理功能的程序组成。它是直接运行在"裸机"上的最基本的系统软件。操作系统是计算机发展中的产物，它有两个主要目的：一是方便用户使用计算机，是用户和计算机的接口；二是统一管理计算机系统的全部资源，合理组织计算机工作流程，以便充分、合理地利用计算机的资源。（参考答案：D）

　　（3）计算机操作系统具有的五大功能是（　　）。

　　A．CPU 管理、显示器管理、键盘管理、打印机管理和鼠标管理

　　B．硬盘管理、U 盘管理、CPU 的管理、显示器管理和键盘管理

　　C．处理器（CPU）管理、存储管理、文件管理、设备管理和作业管理

　　D．启动、打印、显示、文件存取和关机

　　解析　计算机操作系统的五大功能包括处理器管理、存储管理、文件管理、设备管理和作业管理。（参考答案：C）

　　（4）操作系统的作用是（　　）。

　　A．用户操作规范　　　　　　　　　　B．管理计算机硬件系统

　　C．管理计算机软件系统　　　　　　　D．管理计算机系统的所有资源

　　解析　计算机操作系统的作用是统一管理计算机系统的全部资源，合理组织计算机的工作流程，以达到充分利用计算机资源；为用户使用计算机提供友好界面。（参考答案：D）

　　（5）计算机操作系统的主要功能是（　　）。

　　A．管理计算机系统的软硬件资源，以充分发挥计算机资源的效率，并为其他软件提供良好的运行环境

　　B．把高级语言和汇编语言编写的程序翻译成计算机硬件可以直接执行的目标程序，为用户提供良好的软件开发环境

　　C．对各类计算机文件进行有效管理，并由计算机硬件高效处理

　　D．为用户操作和使用计算机提供方便

　　解析　计算机操作系统的作用是控制和管理计算机的硬件资源和软件资源，从而提高计算机的利用率，方便用户使用计算机。（参考答案：A）

　　【任务 3】操作系统的种类。

　　（1）下列软件中不是操作系统的是（　　）。

　　A．Linux　　　　　　B．UNIX　　　　　　C．MS DOS　　　　　D．MS-Office

解析　MS-Office 是微软公司开发的办公自动化软件，人们所使用的 Word、Excel、PowerPoint、Outlook 等应用软件都是 Office 中的组件，所以它不是操作系统。（参考答案：D）

（2）操作系统将 CPU 的时间资源划分成极短的时间片，轮流分配给各终端用户，使终端用户单独分享 CPU 的时间片，有独占计算机的感觉，这种操作系统称为（　　）。

  A．实时操作系统   B．批处理操作系统

  C．分时操作系统   D．分布式操作系统

解析　分时操作系统：不同用户通过各自的终端以交互方式共用一台计算机，计算机以"分时"的方法轮流为每个用户服务。分时系统的特点是：多个用户同时使用计算机的同时性，人机问答的交互性，每个用户独立使用计算机的独占性，以及系统响应的及时性。（参考答案：C）

（3）微机上广泛使用的 Windows 是（　　）。

  A．多任务操作系统   B．单任务操作系统

  C．实时操作系统   D．批处理操作系统

解析　Windows 操作系统是单用户、多任务操作系统，经过十几年的发展，已从 Windows 3.1 发展到现在的 Windows 10。（参考答案：A）

（4）按操作系统的分类，UNIX 操作系统是（　　）。

  A．批处理操作系统   B．实时操作系统

  C．分时操作系统   D．单用户操作系统

解析　UNIX 是一个多用户、多任务、交互式的分时操作系统，它为用户提供了一个简洁、高效、灵活的运行环境。（参考答案：C）

（5）微机上广泛使用的 Windows 7 是（　　）。

  A．多用户、多任务操作系统   B．单用户、多任务操作系统

  C．实时操作系统   D．多用户分时操作系统

解析　Windows 操作系统是单用户、多任务操作系统，经过十几年的发展，已从 Windows 3.1 发展到现在的 Windows 10。（参考答案：B）

项目 8　计算机网络的基本概念

【任务 1】计算机网络。

（1）计算机网络最突出的优点是（　　）。

  A．资源共享和快速传输信息   B．高精度计算和收发邮件

  C．运算速度快和快速传输信息 D．存储容量大和高精度

解析　计算机网络系统具有丰富的功能，其中最主要的是资源共享和快速通信。（参考答案：A）

（2）计算机网络的主要目标是实现（　　）。

  A．数据处理和网络游戏   B．文献检索和网上聊天

  C．快速通信和资源共享   D．共享文件和收发邮件

解析　计算机网络系统具有丰富的功能，其中最主要的是资源共享和快速通信。（参考答案：C）

（3）计算机网络是计算机技术和（　　）的结合。

  A．自动化技术   B．通信技术

  C．电缆等传输技术   D．信息技术

解析　所谓计算机网络是指分布在不同地理位置上的具有独立功能的多个计算机系统，通过通信设备和通信线路相互连接起来，在网络软件的管理下实现数据传输和资源共享的系统，是计算机网络技术和通信技术相结合的产物。（参考答案：B）

（4）防火墙是指（　　）。

　　A．一个特定软件　　　　　　　　　B．一个特定硬件

　　C．执行访问控制策略的一组系统　　D．一批硬件的总称

解析　防火墙是指为了增强机构内部网络的安全性而设置在不同网络或网络安全域之间的一系列部件的组合。它可以通过监测、限制、更改跨越防火墙的数据流，尽可能地对外部屏蔽网络内部的信息、结构和运行状况，以此来实现网络的安全防护。（参考答案：C）

（5）计算机网络是一个（　　）。

　　A．管理信息系统　　　　　　　　　B．编译系统

　　C．在协议控制下的多机互连系统　　D．网上购物系统

解析　所谓计算机网络是指分布在不同地理位置上的、具有独立功能的多个计算机系统，通过通信设备和通信线路相互连接起来，在网络软件的管理下实现数据传输和资源共享的系统，是计算机网络技术和通信技术相结合的产物。（参考答案：C）

（6）防火墙用于将 Internet 和内部网络隔离，因此它是（　　）。

　　A．防止 Internet 火灾的硬件设施　　　B．抗电磁干扰的硬件设施

　　C．保护网线不受破坏的软件和硬件设施　D．网络安全和信息安全的软件和硬件设施

解析　防火墙被嵌入驻地网和 Internet 之间，从而建立受控制的连接，并形成外部安全墙或者说是边界。这个边界的目的在于防止驻地网收到来自 Internet 的攻击，并在安全性将受到影响的地方形成阻塞点。防火墙可以是一台计算机系统，也可以是由两台或更多的系统协同工作起到防火墙的作用。（参考答案：D）

【任务 2】数据通信。

（1）调制解调器（Modem）的功能是（　　）。

　　A．将计算机的数字信号转换成模拟信号　B．将模拟信号转换成计算机的数字信号

　　C．将数字信号与模拟信号互相转换　　　D．为了上网与接电话两不误

解析　调制解调器是实现数字信号和模拟信号转换的设备。例如：当个人计算机通过电话线路连入 Internet 时，发送方的计算机发出的数字信号，要通过调制解调器转换成模拟信号在电话网上传输，接收方的计算机则要通过调制解调器将传输过来的模拟信号转换成数字信号。（参考答案：C）

（2）拥有计算机并以拨号方式接入 Internet 的用户需要使用（　　）。

　　A．CD-ROM　　　B．鼠标　　　　　C．软盘　　　　　　D．Modem

解析　调制解调器（Modem）的作用是：将计算机数字信号与模拟信号互相转换，以便数据传输。（参考答案：D）

（3）调制解调器（Modem）的主要技术指标是数据传输速率，它的度量单位是（　　）。

　　A．MIPS　　　　　B．Mbit/s　　　　C．dpi　　　　　　D．KB

解析　调制解调器的主要技术指标是它的数据传输速率。数值越高，传输速度越快。（参考答案：B）

（4）计算机网络中传输介质传输速率的单位是 bit/s，其含义是（　　）。

    A. 字节/秒　　　　　B. 字/秒　　　　　C. 字段/秒　　　　　D. 二进制位/秒

解析　数据传输速率是描述数据传输系统的重要技术指标之一。数据传输速率在数值上，等于每秒传输构成数据代码的二进制比特数，它的单位为比特/秒（bit/second），其含义是二进制位/秒。（参考答案：D）

（5）通信技术主要是用于扩展人的（　　）。

    A. 处理信息功能　　　　　　　　　　B. 传递信息功能

    C. 收集信息功能　　　　　　　　　　D. 信息的控制与使用功能

解析　通信技术具有扩展人的神经系统传递信息的功能。（参考答案：B）

（6）"千兆以太网"通常是一种高速局域网，其网络数据传输速率大约为（　　）。

    A. 1 000 000 位/秒　　　　　　　　　B. 1 000 000 000 位/秒

    C. 1 000 000 字节/秒　　　　　　　　D. 1 000 000 000 字节/秒

解析　千兆以太网的传输速率为 1 Gbit/s，1 Gbit/s=1 024 Mbit/s=1 024×1 024 Kbit/s=1 024×1 024×1 024 bit/s≈1 000 000 000 bit/s（位/秒）。（参考答案：B）

（7）为了防止信息被别人窃取，可以设置开机密码，下列密码设置中最安全的是（　　）。

    A. 12 345 678　　　B. nd@YZ@g1　　　C. NDYZ　　　D. yingzhong

解析　密码强度是对密码安全性给出的评级。一般来说，密码强度越高，密码就越安全。高强度的密码应该是包括大小写字母、数字和符号，且长度不宜过短。在本题中，nd@YZ@g1 采取大小写字母、数字和字符相结合的方式，相对其他选项来说密码强度要高，因此密码设置最安全。（参考答案：B）

（8）用 ADSL 方式接入 Internet 至少需要在计算机中内置或外置的一个关键设备是（　　）。

    A. 网卡　　　　　B. 集线器　　　　　C. 服务器　　　　　D. 调制解调器

解析　ADSL（Asymmetric Digital Subscriber Line）是非对称数字用户线，下行带宽要高于上行带宽，使用该方式接入互联网，需要安装 ADSL 调制解调器，利用用户现有电话网中的用户线进行上网。（参考答案：D）

【任务 3】计算机网络的形成与分类。

（1）计算机网络分局域网、城域网和广域网，（　　）属于局域网。

    A. ChinaDDN　　　B. Novell 网　　　　C. Chinanet　　　　D. Internet

解析　计算机网络按地理范围进行分类可分为局域网、城域网、广域网。ChinaDDN 网、Chinanet 网属于城域网，Internet 属于广域网，Novell 网属于局域网。（参考答案：B）

（2）Internet 最初创建时的应用领域是（　　）。

    A. 经济　　　　　B. 军事　　　　　C. 教育　　　　　D. 外交

解析　Internet 最早来源于美国国防部高级研究计划局（DARPA）的前身 ARPA 建立的 ARPANET，该网于 1969 年投入使用。最初，ARPANET 主要用于军事研究。（参考答案：B）

（3）Internet 是目前世界上第一大互联网，它源于美国，其雏形是（　　）。

    A. CERNET　　　B. NCPC　　　　C. ARPANET　　　D. GBNKT

解析　Internet 始于 1968 年美国国防部高级研究计划局（ARPA）提出并资助的 ARPANET 网络计划，其目的是将各地不同的主机以一种对等的通信方式连接起来，最初只有 4 台主机。此后，大量的网络、主机与用户接入 ARPANET，很多地方性网络也接入进来，于是这个网络逐步扩展

到其他国家和地区。(参考答案：C)

（4）一般而言，Internet 环境中的防火墙建立在（　　）。

　　　A. 每个子网的内部　　　　　　　B. 内部子网之间

　　　C. 内部网络与外部网络的交叉点　　D. 以上全部

解析　所谓防火墙指的是一个由软件和硬件设备组合而成、在内部网和外部网之间、专用网与公共网之间的界面上构造的保护屏障，是一种获取安全性方法的形象说法，它是一种计算机硬件和软件的结合，使 Internet 与 Intranet 之间建立起一个安全网关（Security Gateway），从而保护内部网免受非法用户的侵入，防火墙主要由服务访问规则、验证工具、包过滤和应用网关 4 个部分组成，防火墙就是一个位于计算机和它所连接的网络之间的软件或硬件。该计算机流入流出的所有网络通信和数据包均要经过此防火墙。(参考答案：C)

（5）广域网中采用的交换技术大多是（　　）。

　　　A. 电路交换　　　B. 报文交换　　　C. 分组交换　　　D. 自定义交换

解析　广域网又称为远程网，它所覆盖的地理范围从几十公里到几千公里。广域网的通信子网主要使用分组交换技术。(参考答案：C)

（6）Internet 的前身可追溯到（　　）。

　　　A. ARPANET　　　B. CHINANET　　　C. CHINANET　　　D. NOVELL

解析　Internet 最早来源于美国国防部高级研究计划局（DARPA）的前身 ARPA 建立的 ARPANET，该网于 1969 年投入使用。最初，ARPANET 主要用于军事研究。(参考答案：A)

（7）在计算机网络中，英文缩写 WAN 的中文名是（　　）。

　　　A. 局域网　　　B. 无线网　　　C. 广域网　　　D. 城域网（　　）

解析　广域网（Wide Area Network），又称远程网络；局域网的英文全称是 Local Area Network；城域网的英文全称是 Metropolitan Area Network。(参考答案：C)

【任务 4】网络拓扑结构。

（1）以太网的拓扑结构是（　　）。

　　　A. 星状　　　　B. 总线　　　　C. 环状　　　　D. 树状

解析　以太网是最常用的一种局域网，网络中所有结点都通过以太网卡和双绞线（或光纤）连接到网络中，实现相互间的通信。其拓扑结构为总线结构。(参考答案：B)

（2）若网络的各个结点均连接到同一条通信线路上，且线路两端有防止信号反射的装置，这种拓扑结构为（　　）。

　　　A. 总线拓扑结构　　　　　　　　B. 星状拓扑结构

　　　C. 树状拓扑结构　　　　　　　　D. 环状拓扑结构

解析　总线状拓扑的网络中各个结点由一根总线相连，数据在总线上由一个结点传向另一个结点。(参考答案：A)

（3）若网络的各个结点通过中继器连接成一个闭合环路，则称这种拓扑结构为（　　）。

　　　A. 总线拓扑结构　　　　　　　　B. 星状拓扑结构

　　　C. 树状拓扑结构　　　　　　　　D. 环状拓扑结构

解析　环状拓扑结构是共享介质局域网的主要拓扑结构之一。在环状拓扑结构中，多个结点共享一条环通路。(参考答案：D)

（4）计算机网络中，若所有的计算机都连接到一个中心结点上，当一个网络结点需要传输数据时，首先传输到中心结点上，然后由中心结点转发到目的结点，这种连接结构称为（　　）。

  A. 总线拓扑结构　　　　　　　　　　　B. 环状拓扑结构

  C. 星状拓扑结构　　　　　　　　　　　D. 网状拓扑结构

  解析　总线拓扑结构中，各个结点由一根总线相连，数据在总线上由一个结点传向另一个结点。

  环状拓扑结构中，各个结点通过中继器连接到一个闭合的环路上，环中的数据沿着一个方向传输，由目的结点接收。

  星状拓扑结构中，每个结点与中心结点连接，中心结点控制全网的通信，任何两个结点之间的通信都要通过中心结点。网状拓扑结构中，结点的连接是任意的，没有规律。（参考答案：C）

  【任务5】网络硬件。

  （1）若要将计算机与局域网连接，至少需要具备的硬件是（　　）。

  A. 集线器　　　　B. 网关　　　　　　　C. 网卡　　　　　　　D. 路由器

  解析　网络接口卡（简称网卡）是构成网络必需的基本设备，用于将计算机和通信电缆连接在一起，以便经电缆在计算机之间进行高速数据传输。因此，每台连接到局域网的计算机（工作站或服务器）都需要安装一块网卡。（参考答案：C）

  （2）目前计算机网络传输介质速度最快的是（　　）。

  A. 双绞线　　　　　B. 同轴电缆　　　　　C. 光纤　　　　　　　D. 电话线

  解析　计算机网络中常用的传输介质有双绞线、同轴电缆和光纤。在三种传输介质中，双绞线的地理范围最小、抗干扰性最低；同轴电缆的地理范围中等、抗干扰性中等；光纤的性能最好、不受电磁干扰或噪声影响、传输速率最高。（参考答案：C）

  （3）计算机网络中三种常用的有线网络传输介质是（　　）。

  A. 光纤、同轴电缆、双绞线　　　　　　B. 电话线、双绞线、光纤

  C. 电话线、同轴电缆、双绞线　　　　　D. 电话线、光纤、同轴电缆

  解析　网络传输介质是指在网络中传输信息的载体，常用的传输介质分为有线传输介质和无线传输介质两大类。

  ① 有线传输介质是指在两个通信设备之间实现的物理连接部分，它能将信号从一方传输到另一方，有线传输介质主要有双绞线、同轴电缆和光纤。双绞线和同轴电缆传输电信号，光纤传输光信号。

  ② 无线传输介质指人们周围的自由空间。人们利用无线电波在自由空间的传播可以实现多种无线通信。在自由空间传输的电磁波根据频谱可将其分为无线电波、微波、红外线、激光等，信息被加载在电磁波上进行传输。（参考答案：A）

  （4）局域网硬件中主要包括工作站、网络适配器、传输介质和（　　）。

  A. Modem　　　　B. 交换机　　　　　　C. 打印机　　　　　　D. 中继器

  解析　局域网硬件中主要包括工作站、网络适配器、传输介质和交换机。（参考答案：B）

  （5）以下关于光纤通信说法错误的是（　　）。

  A. 光纤通信是利用光导纤维传导信号来进行通信的

  B. 光纤通信具有通信容量大、保密性强和传输距离长等优点

  C. 光纤线路的损耗大，所以每隔1～2 km距离就需要中继器

  D. 光纤通信常用波分多路复用技术提高通信容量

解析　光纤的传输优点：频带宽、损耗低、重量轻、抗干扰能力强、保真度高、工作性能可靠、成本不断下降。1000BASE-LX 标准使用的是波长为 1 300 米的单模光纤，光纤长度可以达到 3 000 米。1000BASE-SX 标准使用的是波长为 850 米的多模光纤，光纤长度可以达到 300～550 米。（参考答案：C）

（6）主要用于实现两个不同网络互连的设备是（　　）。

　　A．转发器　　　　　B．集线器　　　　　C．路由器　　　　　D．调制解调器

解析　路由器是实现局域网和广域网互连的主要设备。（参考答案：C）

（7）下列网络的传输介质中抗干扰能力最好的是（　　）。

　　A．双绞线　　　　　B．同轴电缆　　　　　C．光缆　　　　　D．电话线

解析　任何一个数据通信系统都包括发送部分、接收部分和通信线路，其传输质量不但与传送的数据信号和收发特性有关，而且与传输介质有关。同时，通信线路沿途不可避免地有噪声干扰，它们也会影响通信和通信质量。双绞线是把两根绝缘铜线拧成有规则的螺旋形。双绞线抗扰性较差，易受各种电信号的干扰，可靠性差。同轴电缆是由一根空心的外圆柱形的导体围绕单根内导体构成的。在抗干扰性方面对于较高的频率，同轴电缆优于双绞线。光缆是发展最为迅速的传输介质。不受外界电磁波的干扰，因而电磁绝缘性好，适宜在电气干扰严重的环境中应用；无串音干扰，不易窃听或截取数据，因而安全保密性好。（参考答案：C）

【任务 6】网络软件。

（1）在因特网上，一台计算机可以作为另一台主机的远程终端，从而使用该主机的资源，这项服务称为（　　）。

　　A．Telnet　　　　　B．BBS　　　　　C．FTP　　　　　D．WWW

解析　远程登录服务用于在网络环境下实现资源的共享。利用远程登录，用户可以把一台终端变成另一台主机的远程终端，从而使该主机允许外部用户使用任何资源。它采用 Telnet 协议，可以使多台计算机共同完成一个较大的任务。（参考答案：A）

（2）HTTP 是（　　）。

　　A．网址　　　　　B．域名　　　　　C．高级语言　　　　　D．超文本传输协议

解析　超文本传输协议（HTTP）是一种通信协议，它允许将超文本置标语言（HTML）文档从 Web 服务器传送到浏览器。（参考答案：D）

（3）FTP 是因特网中（　　）。

　　A．用于传送文件的一种服务　　　　　B．发送电子邮件的软件

　　C．浏览网页的工具　　　　　D．一种聊天工具

解析　FTP（File Transfer Protocol），即文件传输协议，主要用于 Internet 上文件的双向传输。（参考答案：A）

（4）浏览器与 WWW 服务器之间传输网页使用的协议是（　　）。

　　A．HTTP　　　　　B．IP　　　　　C．FTP　　　　　D．Smtp

解析　超文本传输协议（HTTP）是浏览器与 WWW 服务器之间的传输协议。它建立在 TCP 基础之上，是一种面向对象的协议。（参考答案：A）

（5）从网上下载软件时，使用的网络服务类型是（　　）。

　　A．文件传输　　　　　B．远程登录　　　　　C．信息浏览　　　　　D．电子邮件

解析 文件传输（FTP）为因特网用户提供在网上传输各种类状的文件的功能，是因特网的基本服务之一。（参考答案：A）

【任务 7】无线局域网。

（1）无线移动网络最突出的优点是（　　）。

    A. 资源共享和快速传输信息

    B. 提供随时随地的网络服务

    C. 文件检索和网络聊天

    D. 共享文件和收发邮件

解析 无线移动网络相对于一般的无线网络和有线网络来说，可以提供随时随地的网络服务。（参考答案：B）

（2）下列上网方式中采用无线网络传输技术的是（　　）。

    A. ADSL   B. Wi-Fi   C. 拨号接入   D. 以上都是

解析 Wi-Fi 是一种可以将个人计算机、手持设备（如 PDA、手机）等终端以无线方式互相连接的技术。

电话拨号接入即 Modem 拨号接入，是指将已有的电话线路，通过安装在计算机上的 Modem（调制解调器），拨号连接到互联网服务提供商（ISP）从而享受互联网服务的一种上网接入方式。

用电话线接入因特网的主流技术是 ADSL（非对称数字用户线路）。采用 ADSL 接入因特网，除了一台带有网卡的计算机和一条直拨电话线外，还需要向电信部门申请 ADSL 业务。由相关服务部门负责安装话音分离器、ADSL 调制解调器和拨号软件。完成安装后，就可以根据提供的用户名和密码拨号上网。（参考答案：B）

项目 9　因特网基础

【任务 1】TCP/IP 协议的工作原理。

（1）Internet 实现了分布在世界各地各类网络的互连，其最基础和核心的协议是（　　）。

    A. HTTP   B. FTP   C. HTML   D. TCP/IP

解析 TCP/IP 是用来将计算机和通信设备组织成网络的一大类协议的统称。通俗来说，Internet 依赖于数以千计的网络和数以百万计的计算机。而 TCP/IP 就是使所有计算机连接在一起的"黏合剂"。（参考答案：D）

（2）TCP 的主要功能是（　　）。

    A. 对数据进行分组   B. 确保数据的可靠传输

    C. 确定数据传输路径   D. 提高数据传输速度

解析 TCP/IP 是指传输控制协议/网际协议，它的主要功能是保证可靠的数据传输。（参考答案：B）

（3）Internet 中不同网络和不同计算机相互通信的协议是（　　）。

    A. ATM   B. TCP/IP   C. Novell   D. X.25

解析 因特网是通过路由器或网关将不同类型的物理网互连在一起的虚拟网络。它采用 TCP/IP 协议控制各网络之间的数据传输，采用分组交换技术传输数据。

　　TCP/IP 是用于计算机通信的一组协议。TCP/IP 由网络接口层、网间网层、传输层、应用层等四个层次组成。其中，网络接口层是底层，包括各种硬件协议，面向硬件；应用层面向用户，提供一组常用的应用程序，如电子邮件，文件传送等。（参考答案：B）

　　【任务 2】因特网 IP 地址和域名的工作原理。

　　（1）有一个域名为 bit.edu.cn，根据域名代码规定，此域名表示（　　）。

　　　　A．政府机关　　　　B．商业组织　　　　C．军事部门　　　　D．教育机构

　　解析　域名的格式：主机名.机构名.网络名.最高层域名。顶级域名主要包括：com 表示商业机构；edu 表示教育机构；gov 表示政府机构；mil 表示军事机构；net 表示网络支持中心；org 表示各类组织。（参考答案：D）

　　（2）主机域名 mh.bit.edu.cn 主机名是（　　）。

　　　　A．mh　　　　　　B．edu　　　　　　C．cn　　　　　　D．bit

　　解析　域名的格式：主机名.机构名.网络名.最高层域名。（参考答案：A）

　　（3）根据 Internet 的域名代码规定，表示政府部门网站的是（　　）。

　　　　A．.net　　　　　B．.com　　　　　C．.gov　　　　　D．.org

　　解析　根据 Internet 的域名代码规定，域名中的.net 表示网络支持中心；.com 表示商业组织；.gov 表示政府部门；.org 表示各类组织。（参考答案：C）

　　（4）Internet 中，用于实现域名和 IP 地址转换的是（　　）。

　　　　A．SMTP　　　　　B．DNS　　　　　C．FTP　　　　　D．HTTP

　　解析　从域名到 IP 地址或者从 IP 地址到域名的转换由域名解析服务器 DNS（Domain Name Server）完成。（参考答案：B）

　　（5）下列关于域名的说法中正确的是（　　）。

　　　　A．域名就是 IP 地址

　　　　B．域名的使用对象仅限于服务器

　　　　C．域名完全由用户自行定义

　　　　D．域名系统按地理域或机构分层，采用层次结构

　　解析　域名（Domain Name）的实质就是用一组由字符组成的名字代替 IP 地址，为了避免重名，域名采用层次结构，各层次的子域名之间用圆点"."隔开，从右至左分别为第一级域名（或称顶级域名），第二级域名，…，直至主机名。其结构如下：主机名.….第二级域名.第一级域名。国际上，第一级域名采用通用的标准代码，它分组织机构和地理模式两类。由于因特网诞生在美国，所以其第一级域名采用组织结构域名，美国以外的其他国家都采用主机所在地的名称为第一级域名，如 cn 中国、jp 日本、kr 韩国、uk 英国等。（参考答案：D）

　　（6）主机域名 abc.xyz.com.cn 主机名是（　　）。

　　　　A．abc　　　　　　B．xyz　　　　　　C．com　　　　　　D．cn

　　解析　域名的格式：主机名.机构名.网络名.最高层域名。顶级域名主要包括：com 表示商业机构；edu 表示教育机构；gov 表示政府机构；mil 表示军事机构；net 表示网络支持中心；org 表示各类组织。（参考答案：A）

　　（7）根据 Internet 的域名代码规定，表示商业组织网站的是（　　）。

　　　　A．.net　　　　　B．.com　　　　　C．.gov　　　　　D．.org

解析 根据 Internet 的域名代码规定，域名中的.net 表示网络支持中心，.com 表示商业组织，.gov 表示政府部门，.org 表示各类组织。（参考答案：B）

（8）下列各项中属于非法 Internet IP 地址的是（　　）。

    A．202.96.12.14　　B．202.196.72.140　　C．112.256.23.8　　D．201.124.38.79

解析 IP 地址由 32 位二进制数组成（占 4 个字节）也可用十进制数表示，每个字节之间用".”分隔开，每个字节内的数值范围是 0～255。（参考答案：C）

（9）正确的 IP 地址是（　　）。

    A．202.112.111.1　　B．202.2.2.2.2　　C．202.202.1　　D．202.257.14.13

解析 IP 地址由 32 位二进制数组成（占 4 个字节）也可用十进制数表示，每个字节之间用".”分隔开，每个字节内的数值范围是 0～255。（参考答案：A）

（10）接入因特网的每台主机都有一个唯一可识别的地址，称为（　　）。

    A．TCP 地址　　B．IP 地址　　C．TCP/IP 地址　　D．URL

解析 整个互联网是一个庞大的计算机网络。为了实现互联网中计算机的相互通信，网络中的每一台计算机（又称为主机，host）必须有一个唯一的标识，该标识就称为 IP 地址。（参考答案：B）

（11）IP 地址用四组十进制数表示，每组数字的取值范围是（　　）。

    A．0～127　　B．0～128　　C．0～255　　D．0～256

解析 所谓 IP 地址就是给每个连接在 Internet 上的主机分配的一个 32 bit 地址。IP 地址的长度为 32 位，分为 4 段，每段 8 位，用十进制数字表示，每段数字范围为 0～255，段与段之间用句点隔开。（参考答案：C）

（12）IPv4 地址和 IPv6 地址的位数分别为（　　）。

    A．4，6　　B．8，16　　C．16，24　　D．32，128

解析 IPv4 中规定 IP 地址长度为 32 位，IPv6 采用 128 位地址长度。（参考答案：D）

【任务 3】接入因特网。

（1）综合业务数字网（又称"一线通"）的英文缩写是（　　）。

    A．ADSL　　B．ISDN　　C．ISP　　D．TCP

解析 ADSL 是非对称数字用户线的缩写；ISP 是指因特网服务提供商；TCP 是协议。ISDN 是综合业务数字网的缩写。（参考答案：B）

（2）在因特网技术中，缩写 ISP 的中文全名是（　　）。

    A．因特网服务提供商　　　　　　　　B．因特网服务产品

    C．因特网服务协议　　　　　　　　　D．因特网服务程序

解析 ISP（Internet Service Provider）是指因特网服务提供商。（参考答案：A）

项目 10　使用简单的因特网应用

【任务 1】网上漫游。

（1）能保存网页地址的文件夹是（　　）。

    A．收件箱　　B．公文包　　C．我的文档　　D．收藏夹

解析 IE 的收藏夹提供保存 Web 页面地址的功能。具有两个优点：一是收入收藏夹的网页地址可由浏览者给定一个简明的名字以便记忆，当鼠标指针指向此名字时，会同时显示对应的 Web 页地址。单击该名字便可转到相应的 Web 页，省去了输入地址的操作。二是收藏夹的机理很像资源管理器，其管理、操作都很方便。（参考答案：D）

（2）上网需要在计算机上安装（   ）。

    A．数据库管理软件   B．视频播放软件

    C．浏览器软件   D．网络游戏软件

解析 用于查看、浏览和下载网页的软件是浏览器，如微软公司的 Internet Explorer。安装了浏览器软件的用户，可以通过单击超链接来浏览网页，在网页之间实现跳转。（参考答案：C）

（3）电子商务的本质是（   ）。

    A．计算机技术   B．电子技术   C．商务活动   D．网络技术

解析 电子商务是基于因特网的一种新的商业模式，其特征是商务活动在因特网上以数字化电子方式完成。（参考答案：C）

（4）下列选项中不属于 Internet 应用的是（   ）。

    A．新闻组   B．远程登录   C．网络协议   D．搜索引擎

解析 计算机网络是由多个互连的结点组成的，结点之间要做到有条不紊地交换数据，每个结点都必须遵守一些事先约定好的原则。这些规则、约定与标准被称为网络协议（Protocol）。（参考答案：C）

（5）能够利用无线移动网络上网的是（   ）。

    A．内置无线网卡的笔记本式计算机

    B．部分具有上网功能的手机

    C．部分具有上网功能的平板电脑

    D．以上全是

解析 内置有无线网卡的笔记本式计算机、具有上网功能的手机和平板电脑均可以利用无线移动网络上网。（参考答案：D）

【任务 2】信息的检索。

要在浏览器中查看某一电子商务公司的主页，应知道（   ）。

    A．该公司的电子邮箱地址   B．该公司法人的电子邮箱

    C．该公司的 WWW 地址   D．该公司法人的 QQ 号

解析 要在浏览器中查看某一电子商务公司的主页，需要先在浏览器的地址栏中输入该公司的 WWW 地址，按【Enter】键打开该公司网页。（参考答案：C）

【任务 3】电子邮件。

（1）下列关于电子邮件的说法中正确的是（   ）。

    A．收件人必须有 E-mail 账号，发件人可以没有 E-mail 账号

    B．发件人必须有 E-mail 账号，收件人可以没有 E-mail 账号

    C．发件人和收件人均必须有 E-mail 账号

    D．发件人必须知道收件人的邮政编码

解析 电子邮件是 Internet 使用最广泛的一种服务，任何用户存放在自己计算机上的电子信函可以通过 Internet 的电子邮件服务传递到另外的 Internet 用户的信箱中去。反之，你也可以收到

从其他用户那里发来的电子邮件。发件人和收件人均必须有 E—mail 地址。(参考答案：C)

(2) 以下关于电子邮件的说法中不正确的是 ( )。

    A. 电子邮件的英文简称是 E-mail

    B. 加入因特网的每个用户通过申请都可以得到一个"电子信箱"

    C. 在一台计算机上申请的"电子信箱"，以后只有通过这台计算机上网才能收信

    D. 一个人可以申请多个电子信箱

解析 电子邮件（E-mail）是因特网上使用最广泛的一种服务。类似于普通邮件的传递方式，电子邮件采用存储转发方式传递，根据电子邮件地址由网上多个主机合作实现存储转发，从发信源结点出发，经过路径上若干个网络结点的存储和转发，最终使电子邮件传送到目的信箱。只要电子信箱地址正确，则可通过任何一台联网的计算机收发电子邮件。(参考答案：C)

(3) Internet 提供的常用、便捷的通信服务是 ( )。

    A. 文件传输（FTP）   B. 远程登录（Telnet）

    C. 电子邮件（E-mail）   D. 万维网（WWW）

解析 电子邮件（E-mail）服务是 Internet 所有信息服务中用户最多和接触面广泛的一类服务。电子邮件不仅可以到达那些直接与 Internet 连接的用户以及通过电话拨号可以进入 Internet 结点的用户，还可以用来同一些商业网（如 CompuServe、America Online 等）以及世界范围的其他计算机网络（如 BITNET）上的用户通信联系。(参考答案：C)

(4) 用户名为 XUEJY 的电子邮件地址正确的是 ( )。

    A. XUEJY @ bj163.com   B. XUEJY&bj163.com

    C. XUEJY#bj163.com   D. XUEJY@bj163.com

解析 电子邮件地址一般由用户名、主机名和域名组成，如 Xiyinliu@publicl.tpt.tj.cn，其中，@前面是用户名，@后面依次是主机名、机构名、机构性质代码和国家代码。(参考答案：D)

(5) 下列关于电子邮件的叙述中正确的是 ( )。

    A. 如果收件人的计算机没有打开，发件人发来的电子邮件将丢失

    B. 如果收件人的计算机没有打开，发件人发来的电子邮件将退回

    C. 如果收件人的计算机没有打开，当收件人的计算机打开时再重发

    D. 发件人发来的电子邮件保存在收件人的电子邮箱中，收件人可随时接收

解析 电子邮件首先被送到收件人的邮件服务器，存放在属于收件人的 E-mail 邮箱里。所有的邮件服务器都是 24 小时工作，随时可以接收或发送邮件，发件人可以随时上网发送邮件，收件人也可以随时连接因特网，打开自己的邮箱阅读邮件。(参考答案：D)

(6) 写邮件时，除了发件人地址之外，另一项必须要填写的是 ( )。

    A. 信件内容   B. 收件人地址   C. 主题   D. 抄送

解析 写邮件时，除了发件人地址之外，另一项必须要填写的是收件人地址。(参考答案：B)

(7) 通常网络用户使用的电子邮箱位于 ( )。

    A. 用户的计算机上   B. 发件人的计算机上

    C. ISP 的邮件服务器上   D. 收件人的计算机上

解析 邮件服务器构成了电子邮件系统的核心。每个邮箱用户都有一个位于某个邮件服务器上的邮箱。(参考答案：C)

（8）假设邮件服务器的地址是 email.bj163.com，则用户正确的电子邮箱地址的格式是（　　）。

　　A．用户名#email.bj163.com　　　　　　B．用户名@email.bj163.com

　　C．用户名&email.bj163.com　　　　　　D．用户名$email.bj163.com

解析　一个完整的电子邮箱地址应包括用户名和主机名两部分用户名和主机名之间用@分隔。（参考答案：B）

（9）下列各项中正确的电子邮箱地址是（　　）。

　　A．L202@sina.com　　　　　　　　　B．TT202#yahoo.com

　　C．A112.256.23.8　　　　　　　　　　D．K201&yahoo.com.cn

解析　一个完整的电子邮箱地址用户名+@+计算机名+机构名+最高域名。（参考答案：A）

项目 11　基础知识要点复习

【**知识点 1**】冯·诺依曼归纳了 EDVAC（电子离散变量自动计算机）的主要特点如下：

（1）计算机的程序和程序运行所需要的数据以二进制形式存放在计算机的存储器中。

（2）程序和数据存放在存储器中，即程序存储的概念。计算机执行程序时，无须人工干预，能自动、连续地执行程序，并得到预期的结果。

根据冯·诺依曼的原理和思想，决定了计算机必须有输入、存储、运算、控制和输出五个组成部分。

【**知识点 2**】计算机发展经历的四个阶段。

【**知识点 3**】微型计算机。

1971 年，第一片微处理器的诞生标志着进入了微型机阶段。

【**知识点 4**】我国计算机的发展。

1958 年，我国研制成功第一台电子计算机。

银河、曙光、神威是我国研制的高性能巨型计算机。

【**知识点 5**】计算机的特点、应用和分类。

（1）计算机的特点：

①　高速、精确的运算能力。

②　准确的逻辑判断能力。

③　强大的存储能力。

④　自动功能。

⑤　网络与通信功能。

（2）计算机的应用：

①　科学计算。

②　数据/信息处理。

③　过程控制。

④　计算机辅助：计算机辅助设计（CAD）、计算机辅助制造（CAM）、计算机辅助教育（CAI）、计算机辅助技术（CAT）等。

⑤　网络通信。

⑥　人工智能。

⑦ 多媒体应用。

⑧ 嵌入式系统。

（3）计算机的分类：

① 按计算机处理数据的类型可以分为：模拟计算机、数字计算机、数字和模拟计算机。

② 按计算机的用途可以分为：通用计算机和专用计算机。

③ 按计算机的性能、规模和处理能力可将计算机分为巨型机、大型通用机、微型计算机、工作站、服务器等。

【知识点 6】计算机采用二进制编码，只有"0"和"1"两个数码。

【知识点 7】计算机中数据的最小单位是位（bit）；存储容量的基本单位是字节（Byte）。8 个二进制位称为 1 个字节；字长是计算机的一个重要指标，直接反映一台计算机的计算能力和计算精度。字长越长，计算机的数据处理速度越快。

常用存储单位：

1 KB=1 024 B；

1 MB=1 024 KB；

1 GB=1 024 MB；

1 TB=1 024 GB。

【知识点 8】数制。

（1）多位数码中每一位的构成方法以及从低位到高位的进位规则称为进位计数制（简称数制）。

（2）如果采用 R 个基本符号（如 0，1，2，…，R–1）表示数值，则称 R 数制，R 称为数制的基数，数制中固定的基本符号称为"数码"。处于不同位置的数码代表的值不同，与它所在位置的"权"值有关。

（3）计算机中常用的几种进位计数制的表示。

【知识点 9】进制之间的转换。

（1）十进制数转换为二进制数。

方法：基数连除、连乘法。

原理：将整数部分和小数部分分别进行转换。

整数部分采用基数连除法，小数部分采用基数连乘法，转换后再合并。

整数部分采用基数连除法，除基取余，先得到的余数为低位，后得到的余数为高位。

小数部分采用基数连乘法，乘基取整，先得到的整数为高位，后得到的整数为低位。

（2）二进制数与八进制数的相互转换。

二进制数转换为八进制数：将二进制数由小数点开始，整数部分向左，小数部分向右，每 3 位分成一组，不够 3 位补零，则每组二进制数便是一位八进制数。

八进制数转换为二进制数：将每位八进制数用 3 位二进制数表示。

（3）二进制数与十六进制数的相互转换。

二进制数与十六进制数的相互转换，按照每 4 位二进制数对应于一位十六进制数进行转换。

【知识点 10】字符。

（1）字符分类：西文字符与中文字符。

（2）编码：用一定位数的二进制数来表示十进制数码、字母、符号等信息称为编码。

① 西文字符编码。

ASCII 码（美国信息交换标准交换代码）：

有两个版本：7 位码和 8 位码。

国际通用是 7 位 ASCII 码，即用 7 位二进制数表示一个字符的编码。

要记住的几个字符的编码值：

a 字符编码为 1100001，对应十进制为 97，则 b 的编码值为 98。

A 字符编码为 1000001，对应十进制为 65，则 B 的编码值为 66。

0 数字字符编码为 0110000，对应十进制为 48，则 1 的编码值为 49。

注意：计算机内部用一个字节存放一个 7 位 ASCII 码，最高位置 0。

② 中文字符。

1980 年，我国颁布了国家汉字编码标准。

GB 2312—1980 的全称是《信息交换用汉字编码字符集》，简称国标码。把常用的 6 763 个汉字分成两级，一级汉字 3 755 个，二级汉字 3 008 个。

用两个字节表示一个汉字，每个字节只有 7 位，与 ASCII 码相似。

国标码：由 4 位 16 进制数组成。

区位码：将 GB 2312—1980 的全部字符集组成一个 94×94 的方阵，每一行称为一个"区"，编号为 01～94；每一列称为一个"位"，编号为 01～94，这样得到 GB 2312—1980 的区位图，用区位图的位置来表示的汉字编码，称为区位码。由 4 位 10 进制数组成，前两位为区号，后两位为位号。

两者之间的关系如下：

国标码=区位码（转换为十六进制）+2020 H。

GBK 编码—扩充汉字编码共收录 21 003 个汉字，也包含 BIG5（港澳台）编码中的所有汉字。

③ 汉字的处理过程如图 1-1 所示。

图 1-1　汉字的处理过程

汉字输入码：为将汉字输入计算机而编制的代码称为汉字输入码，又称外码。

汉字内码：汉字内码是为在计算机内部对汉字进行存储、处理的汉字编码，它应满足汉字的存储、处理和传输的要求。

汉字的内码=汉字的国标码+（8080）H。

【知识点 11】多媒体技术。

（1）媒体：指文字、声音、图像、动画和视频等内容。

多媒体技术是指能够同时对两种或两种以上的媒体进行采集、操作、编辑、存储等综合处理的技术。

多媒体技术具有交互性、集成性、多样性、实时性等特征。

（2）媒体数字化：

① 声音数字化：WAV 文件、MIDI 文件、VOC 文件、AU 文件、AIF 文件等。

② 图像数字化：BMP 文件、GIF 文件等。

（3）多媒体数据压缩包括无损压缩和有损压缩。

【知识点 12】计算机病毒及其防治。

（1）计算机病毒一般具有寄生性、破坏性、传染性、潜伏性和隐蔽性的特征。

（2）计算机病毒的分类：

① 引导区型病毒。

② 文件型病毒。

③ 混合型病毒。

④ 宏病毒。

⑤ Internet 病毒（网络病毒）。

【知识点 13】软件系统是为运行、管理和维护计算机而编制的各种程序、数据和文档的总称。

【知识点 14】软件系统及其组成（见图 1-2）。

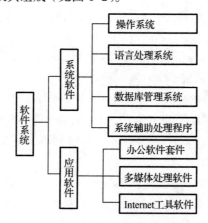

图 1-2　软件系统及其组成

操作系统：

系统软件中最重要、最基本的是操作系统。它是底层的软件，控制所有计算机上运行的程序并管理整个计算机的软、硬件资源，是计算机裸机与应用程序及用户之间的桥梁。常用操作系统有 Windows、Linux、DOS、UNIX、MacOS 等。

操作系统分类如下：

① 单用户操作系统。

② 批处理操作系统。

③ 分时操作系统。

④ 实时操作系统。

⑤ 网络操作系统。

【知识点 15】计算机语言。

（1）概念：人与计算机"沟通"使用的语言。

（2）种类：

机器语言：直接用二进制代码表示指令系统的语言。

指令：命令。

指令系统：指令的集合。

汇编语言：是一种把机器语言"符号化"的语言。

汇编语言源程序：用汇编语言写的程序。

目标程序：翻译后的机器语言程序。

汇编程序：将源程序翻译成目标程序的软件。

高级语言（算法语言）：具有严格的语法和语义规则。

（3）两种翻译方式：

① 编译：将源程序一次翻译成目标程序，再经过连接程序便可执行。

② 解释：将源程序逐句翻译、逐句执行。

【知识点 16】微型计算机的组成。

（1）中央处理器：

构成：运算器、控制器、若干个寄存器和高速缓存。

性能指标：直接决定了整台机器的性能、字长和时钟主频。

（2）存储器。

分类：主存储器和辅助存储器。

① 主存储器：放在主机内部，用于存放当前运行的程序和数据。

a. 内存储器分为两种。

一种是随机存取存储器（RAM）。RAM 是 PC 的主要存储区域；允许读/写数据；是易失性存储器。

另一种是只读存储器（ROM）。它包含可以访问和读取但不能修改的程序与数据；是非易失性存储器。

b. 高速缓存（Cache），用于临时存储频繁使用的信息以加快访问速度，分为以下三级：

一级 Cache：CPU 内部的 Cache。

二级 Cache：CPU 外部的 Cache。

三级 Cache：主板使用的。

② 辅助存储器（外存储器）。

a. 硬盘。

b. 移动存储产品有 USB 移动硬盘、USB U 盘。

c. 光盘分为只读型光盘（CD-ROM）、一次性写入光盘（CD-R）、可擦写型光盘（CD-RW）、DVD 光盘。

（3）总线分为 ISA 总线、PCI 总线、AGP 总线和 EISA 总线。

（4）输入设备包括鼠标、键盘等。

（5）输出设备。

a. 显示器。

● 分类：阴极射线管显示器（CRT）和液晶显示器（LCD）。

● 性能：像素与点距。

● 分辨率：整个屏幕上像素的数目=列×行。

● 显示存储器，简称显存。

● 显示器的尺寸：用显示屏的对角线来衡量。

b. 打印机。分为点阵打印机、喷墨打印机、激光打印机。

（6）微型计算机的主要技术指标有：

① 字长：CPU 一次能同时处理二进制数据的位数。

② 时钟主频：指 CPU 的时钟频率，单位 GHz。

③ 运算速度：指每秒所能执行加法指令数目，常用 MIPS 表示。

④ 存储容量：主要指内存的存储容量。

⑤ 存取周期：指 CPU 从内存储器中存取数据所需要的时间。

【知识点 17】计算机的硬件组成。

五个功能部件：输入设备、运算器、存储器、控制器、输出设备。其中，运算器和控制器合称中央处理器，简称 CPU。

（1）运算器——ALU。

功能：对二进制数码进行算术运算或逻辑运算。

构成：由一个加法器、若干个寄存器和一些控制线路组成。

衡量性能指标：字长和速度。

（2）控制器——CU。

功能：指挥整个机器各个部件自动、协调工作。

构成：指令寄存器、译码器、时序节拍发生器、操作控制部件、指令计数器。

① 机器指令的执行过程：

机器指令：计算机可以真正"执行"的命令。

机器指令构成：操作码+操作数。

操作码、源操作数（或地址）、目的操作数的含义。

② 指令的执行过程：

a. 根据程序计数器里的内容到存储器中读取当前要执行的指令，同时把它放到指令寄存器中。

b. 译码器开始译码。

c. 控制器根据译码器的输出，按一定顺序产生执行该指令的所有控制信号。

d. 在控制信号的作用下，使各个部件完成相应的工作。

（3）存储器。

功能：用来存储当前要执行的程序、数据及结果，具有存数和取数功能。

存数：指向存储器里"写入"数据。

取数：指从存储器里"读取"数据。

访问：读/写操作统称对存储器访问。

分类如下：

内存储器（内存）：CPU 可以直接访问其中的数据。

外存储器（外存）：CPU 不可直接访问其中的数据，只有先调入内存方可使用。

（4）输入/输入设备（I/O 设备）。

① 输入设备。

功能：向计算机输入命令、程序、数据等信息，把这些信息转换为计算机能识别的二进制代码。

例子：键盘、鼠标、扫描仪、手写板、麦克风、照相机、摄像机、游戏操作杆、条形码阅读器、光学字符阅读器、触摸屏、光笔等。

② 输出设备。

功能：将计算机处理后的各种内部格式信息转换为人们能识别的形式表达出来。

例子：显示器、打印机、绘图仪、音响等。

（5）计算机的结构——各部件的连接方式。

① 直接连接。

② 总线结构。

总线：是一组连接各个部件的公共通信线。

三种总线：

数据总线：传输数据信号的公共通路。

地址总线：传输地址信号的公共通路。

控制总线：传输控制信号的公共通路。

实训 2 ‖ Windows 基本操作实训

项目 1 汉 字 输 入

汉字输入主要是要实现快速打字，常用的输入法有智能 ABC 输入法、微软拼音输入法、搜狗拼音输入法、搜狗五笔输入法等。

【任务 1】输入法切换（以搜狗拼音输入法为例）。

使用键盘切换中英文输入的方法是：按【Ctrl+Space】组合键切换中英文输入法，出现输入法的状态栏，如图 2-1 所示。如果想用其他输入法，可以反复按【Ctrl+Shift】组合键，切换到其他输入法。

图 2-1　输入法状态栏（半角）

【任务 2】文字的删除和插入。

删除文字时，使用键盘上的方向键将光标移动到要删除的文字右侧，再按【Backspace】键即可删除。

插入文字时，使用键盘上的方向键，将光标移动到插入文字处，输入文字，即可插入。

【任务 3】半角/全角标点符号的输入。

文字录入时，一般输入的标点符号都是半角中文，输入法状态栏如图 2-1 所示。但有时需要输入全角中文。

方法：在输入法的状态栏中，分别单击"全/半角"按钮和"中/英文标点符号"按钮，设置全/半角和中/英文标点符号输入状态，如图 2-2 所示。

图 2-2　输入法状态栏（全角）

【任务 4】特殊符号的输入。

文字录入有时会遇到键盘上没有的特殊符号，如希腊数字、数学符号、中文的特殊标点等，可以使用软键盘。

方法：右击输入法状态栏，在弹出的快捷菜单中选择"软键盘"命令，再选择需要的符号类型，单击即可选中，如图 2-3 所示。

例如：输入希腊数字序号Ⅳ，则选择"数字序号"选项，将会在屏幕右下角弹出数字序号的软键盘，单击需要的希腊字母键即可输入相应序号，如图 2-4 所示。

图 2-3　软键盘菜单

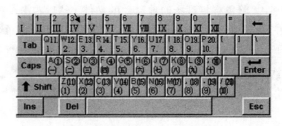

图 2-4　数字序号的软键盘

项目 2　新建文件夹与文本文件

新建文件夹和在文件夹中新建文本文件常用的方法有两种:

方法一:右击桌面空白处,在弹出的快捷菜单中选择"新建"|"文件夹"命令,输入文件夹名,按【Enter】键确认。

方法二:单击窗口工具栏中的"新建文件夹"按钮,输入文件夹名,按【Enter】键确认。

【任务 1】在 FORM 文件夹中新建一个 SHEET 文件夹。

操作步骤:

(1)在 FORM 文件夹空白处右击,在弹出的快捷菜单中选择"新建"|"文件夹"命令。

(2)输入文件夹名 SHEET,按【Enter】键确认。

【任务 2】在 FORM 文件夹中新建一个 text.txt 文本文件。

操作步骤:

(1)在 FORM 文件夹空白处右击,在弹出的快捷菜单中选择"新建"|"文本文档"命令。

(2)输入文件名 text.txt,按【Enter】键确认。

项目 3　复制、移动、重命名和删除文件

1.文件的复制

方法一:将鼠标指向要复制的文件然后右击,在弹出的快捷菜单中选择"复制"命令,双击打开目标文件夹,在空白处右击,在弹出的快捷菜单中选择"粘贴"命令。

方法二:选中要复制的文件,选择"组织"|"复制"命令,双击打开目标文件夹,选择"组织"|"粘贴"命令。

方法三:选中要复制的文件,按【Ctrl+C】组合键复制,双击打开目标文件夹,按【Ctrl+V】组合键粘贴。

【任务 1】将 COMMAND 文件夹中的 REFRESH.HLP 文件复制到 ERASE 文件夹中。

操作步骤:

(1)在 COMMAND 文件夹中,将鼠标指针指向 REFRESH.HLP 文件。

(2)右击该文件,在弹出的快捷菜单中选择"复制"命令。

(3)在文件夹 ERASE 中的空白处右击,在弹出的快捷菜单中选择"粘贴"命令。

2. 文件的移动

方法一：将鼠标指针指向要移动的文件，然后右击，在弹出的快捷菜单中选择"剪切"命令，双击打开目标文件夹，在空白处右击，在弹出的快捷菜单中选择"粘贴"命令。

方法二：选中要移动的文件，选择"组织"|"剪切"命令，双击打开目标文件夹，选择"组织"|"粘贴"命令。

方法三：选中要移动的文件，按【Ctrl+X】组合键剪切，打开目标文件夹，按【Ctrl+V】组合键粘贴。

【任务 2】将 COMMAND 文件夹中的 REFRESH.HLP 文件移动到 ERASE 文件夹中。

操作步骤：

（1）在 COMMAND 文件夹中选中 REFRESH.HLP 文件。

（2）选择"组织"|"剪切"命令。

（3）在文件夹 ERASE 中选择"组织"|"粘贴"命令。

3. 文件的重命名

【任务 3】将 COMMAND 文件夹中的 REFRESH.HLP 文件移动到 ERASE 文件夹中，并重命名为 SWEAM.ASW。

操作步骤：

（1）在 COMMAND 文件夹中，将鼠标指针指向 REFRESH.HLP 文件。

（2）右击该文件，在弹出的快捷菜单中选择"剪切"命令。

（3）在文件夹 ERASE 中的空白处右击，在弹出的快捷菜单中选择"粘贴"命令。

（4）将鼠标指针指向文件，然后右击，在弹出的快捷菜单中选择"重命名"命令。

（5）在文件名的文本框中输入新文件名 SWEAM.ASW，按【Enter】键确认。

注　意

对隐藏扩展名文件进行重命名的方法是：选择"组织"|"文件夹和搜索选项"命令，弹出"文件夹选项"对话框，如图 2-5 所示。选择"查看"选项卡，查看其中的"隐藏已知文件类型的扩展名"复选框，如果该复选框已经选中则将其取消，文件扩展名即可见。

图 2-5　"文件夹选项"对话框

4．文件的删除、彻底删除

方法一：将鼠标指针指向要删除的文件，然后右击，在弹出的快捷菜单中选择"删除"命令。

方法二：选中要删除的文件，选择"组织"|"删除"命令。

方法三：选中要删除的文件，按【Delete】键删除。

【任务 4】删除 FORM1 文件夹。

操作步骤：

（1）将鼠标指针指向 FORM1 文件夹。

（2）右击该文件夹，在弹出的快捷菜单中选择"删除"命令（逻辑删除到"回收站"）。

【任务 5】彻底（物理）删除 FORM2 文件。

操作步骤：

（1）选中文件 FORM2。

（2）选择"组织"|"删除"命令。

（3）双击桌面上的"回收站"图标，弹出"回收站"窗口，如图 2-6 所示。

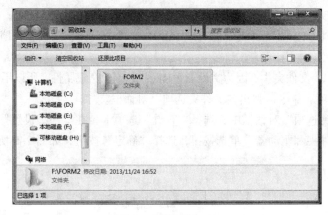

图 2-6   "回收站"窗口

（4）将鼠标指针指向文件 FORM2。

（5）右击该文件，在弹出的快捷菜单中选择"删除"命令。

———注 意———

　　第一次删除只是把文件逻辑删除到回收站，在回收站中，选择"组织"|"删除"命令，或选择"清空回收站"按钮，即可实现物理删除。此外，还可以按【Shift+Delete】组合键直接物理删除。

项目 4   设置文件只读、文件隐藏和文件存档属性

【任务 1】把文件 SHOOT.FOR 属性设置为只读、隐藏和存档。

操作步骤：

（1）将鼠标指针指向文件 SHOOT.FOR。

（2）右击该文件，在弹出的快捷菜单中选择"属性"命令，弹出"SHOOT.FOR 属性"对话框，如图 2-7 所示。

（3）选择"常规"选项卡。

（4）在"属性"选项区域中选中"只读"和"隐藏"复选框。

（5）选择"属性"对话框中的"高级"按钮，弹出"高级属性"对话框，如图 2-8 所示。

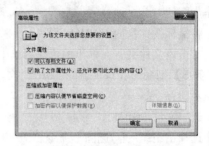

图 2-7 "SHOOT.FOR 属性"对话框   图 2-8 "高级属性"对话框

（6）选中"可以存档文件"复选框。

【任务 2】 将 FOOTBAL 文件夹中的 HOOM.FOR 文件的只读、隐藏和存档属性撤销。

操作步骤：

（1）在 FOOTBAL 文件夹中，因为文件 HOOM.FOR 具有隐藏属性，所以不可见。选择"组织"｜"文件夹和搜索选项"命令，弹出"文件夹选项"对话框。

（2）在"文件夹选项"对话框中，选择"查看"选项卡，在"高级设置"列表框中选中"显示隐藏的文件、文件夹和驱动器"单选按钮，选择"确定"按钮，如图 2-9 所示。

图 2-9 "文件夹选项"对话框

（3）HOOM.FOR 文件可见，选中该文件并右击，在弹出的快捷菜单中选择"属性"命令，弹出"HOOM.FOR 属性"对话框。

（4）选择"常规"选项卡，取消选中"只读"和"隐藏"复选框。

（5）选择"HOOM.FOR 属性"对话框中的"高级"按钮，弹出"高级属性"对话框。

（6）取消选中"可以存档文件"复选框，撤销属性，选择"确定"按钮完成。

项目 5　文件快捷方式的建立

【任务】建立 REFRESH.HLP 文件的快捷方式到 ATC 文件夹下，并重命名为 123.HLP。

操作步骤：

（1）将鼠标指针指向 REFRESH.HLP 文件。

（2）右击该文件，在弹出的快捷菜单中选择"创建快捷方式"命令，生成 REFRESH.HLP 文件的快捷方式图标。

（3）把快捷方式图标移动到 ATC 文件夹中，并重命名为 123.HLP。

项目 6　文 件 查 找

【任务 1】在 FOOTBAL 文件夹下查找 SHOOT.FOR 文件，并复制到 FOOTBAL 文件夹中的 SHEET 文件夹下。

操作步骤：

（1）在 FOOTBAL 文件夹窗口右上角的搜索框中输入 SHOOT.FOR，如图 2-10 所示，显示搜索到的 SHOOT.FOR 文件。

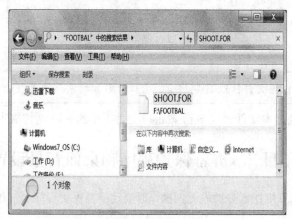

图 2-10　搜索栏

（2）将 SHOOT.FOR 文件复制到 FOOTBAL 中的 SHEET 文件夹下。

【任务 2】在 student 文件夹下查找不大于 10 KB 的所有文本文件，并复制到 student 文件夹中的 boot 文件夹下。

操作步骤：

（1）在 student 文件夹窗口右上角的搜索框中输入*.txt，如图 2-11 所示。

──注 意────────────────────────────────────

　　"*"是通配符，可代表任意多个字符，.txt 是文件扩展名，表示文本文件。例如：扩展名为.doc 表示 Word 文档，扩展名为.xls 表示 Excel 电子表格文件，扩展名为.bmp 表示画图文件等。

──

（2）选择"添加搜索筛选器" | "大小"按钮，弹出"大小"下拉列表，选择"微小（0-10 KB）"选项，显示搜索到的所有不大于 10 KB 的文本文件，如图 2-12 所示。

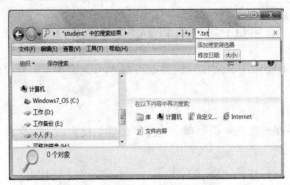

图 2-11　输入搜索文件名

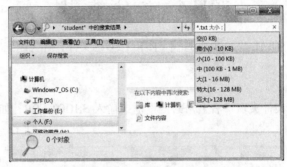

图 2-12　选择文件大小

> **注　意**
> 搜索过程中也可根据文件修改日期搜索，选择"添加搜索筛选器"|"修改日期"按钮即可。

（3）全选搜索到的文本文件，复制到 student 文件夹中的 boot 文件夹下。

项目 7　屏幕保护程序和桌面背景设置

【任务 1】 设定计算机在 5 分钟内无人操作时启动屏幕保护程序"三维文字"。

操作步骤：

（1）选择"开始"|"控制面板"命令，弹出"控制面板"窗口，如图 2-13 所示。

图 2-13　"控制面板"窗口

（2）选择"外观"选项，弹出"外观"窗口，如图 2-14 所示。

图 2-14 "外观"窗口

（3）在"外观"窗口中选择"更改屏幕保护程序"选项，弹出"屏幕保护程序设置"对话框，如图 2-15 所示。

图 2-15 "屏幕保护程序设置"对话框

（4）在"屏幕保护程序"下拉列表框中选择"三维文字"选项，在"等待"微调框中输入"5"。

（5）选择"确定"按钮。

【任务 2】将桌面背景墙纸图案设置为"Windows 7 经典"图片背景，图片位置为居中。

操作步骤：

（1）选择"开始"|"控制面板"命令，弹出"控制面板"窗口，如图 2-13 所示。

（2）选择"外观"选项，弹出"外观"窗口，如图 2-14 所示。

（3）选择"更改桌面背景"选项，弹出"桌面背景"窗口，如图 2-16 所示。

图 2-16　"桌面背景"窗口

（4）在"桌面背景"窗口中选择"Windows"选项，"图片位置"选择"填充"。

（5）选择"保存修改"按钮完成。

【任务3】打开"画图"程序，在"画图"窗口中画一个任意椭圆，画完后保存为 "椭圆.bmp"文件，保存在 text 文件夹下，将桌面背景墙纸图案设置为"椭圆.bmp"。

操作步骤：

（1）选择"开始"｜"所有程序"｜"附件"｜"画图"命令。

（2）打开"画图"窗口，选择"主页"｜"形状" ⬭ 按钮，在画图区拖动鼠标，画任意椭圆。

（3）选择 ⬛▾ ｜"保存"命令，弹出"保存为"对话框，如图 2-17 所示。

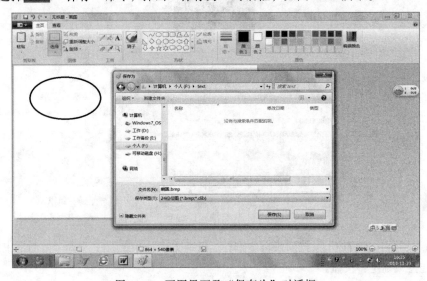

图 2-17　画图界面及"保存为"对话框

（4）在左侧"导航窗格"中选择 text 文件夹，在"文件名"下拉列表框中输入"椭圆.bmp"，选择"保存"按钮。

（5）右击"椭圆.bmp"文件，在弹出的快捷菜单中选择"设置为桌面背景"命令，如图 2-18 所示。

图 2-18　设置桌面背景

项目 8　搜索帮助内容并建立帮助文件

【任务】在 Windows 帮助系统中查找"安装打印机"，将关于"安装打印机"的帮助信息保存在 studt 文件夹下，文件名为 print.hlp。

操作步骤：

（1）选择"开始"|"帮助和支持"命令，弹出"Windows 帮助和支持"窗口，如图 2-19 所示。

（2）在"搜索"文本框中输入"安装打印机"。

（3）选择"搜索"按钮，选择"搜索结果"列表中的"安装打印机"选项。

（4）选中全部内容并右击，在弹出的快捷菜单中选择"复制"命令，如图 2-20 所示。

图 2-19　"Windows 帮助和支持"窗口

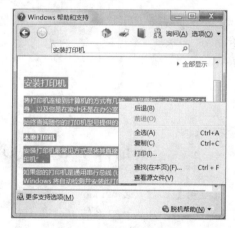

图 2-20　复制搜索内容

（5）选择"开始"|"程序"|"附件"|"记事本"命令，弹出"记事本"窗口。

（6）选择"编辑"|"粘贴"命令，将"安装打印机"的内容粘贴到记事本，如图 2-21 所示。

（7）选择"文件"|"保存"命令，弹出"另存为"对话框。

（8）在左侧"导航窗格"中选择 studt 文件夹，在"文件名"组合框中输入 print.hlp，如图 2-22 所示。

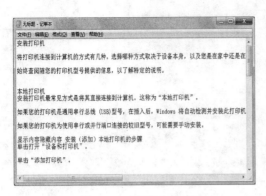

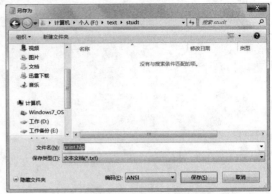

图 2-21　"记事本"窗口　　　　　　　图 2-22　"另存为"对话框

注　意

在"文件名"组合框中，要输入帮助文件的扩展名.hlp，而.txt 是文本文件的扩展名。

同理，新建一个未知的文件，如新建一个名为"STD.DBF"的文件，先新建一个记事本文件"无标题.txt"，重命名为"STD.DBF"即可。

（9）选择"保存"按钮，结果如图 2-23 所示。

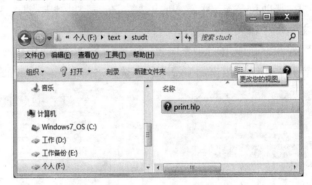

图 2-23　保存的帮助文件结果

项目 9　U 启动盘安装 Windows 7 系统

【任务】U 盘安装 Windows 7 系统是一项非常实用的操作，可以省下不少操作步骤，下面利用 U 启动安装 Windows 7 系统。

前期准备：

（1）制作 U 启动盘。

（2）下载 Ghost 版 Windows 7 系统镜像并存入 U 启动盘。

操作步骤：

（1）将准备好的 U 启动盘插在计算机 USB 接口上，然后重启计算机，在出现开机画面时通过 U 盘启动快捷键进入 U 启动主菜单界面，选择"【02】U 启动 WIN8 PE 标准版（新机器）"选项，如图 2-24 所示。

图 2-24　U 启动选项

（2）进入 U 启动 PE 装机工具会自动开启并识别 U 盘中所准备的 Windows 7 系统镜像，可参照图 2-25 所示的方式选择磁盘安装分区，单击"确定"按钮即可。

（3）此时弹出的提示窗口中单击"确定"按钮开始执行操作，如图 2-26 所示。

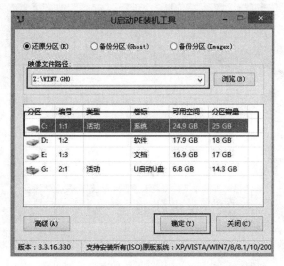

图 2-25　U 启动 P E 装机工具界面

图 2-26　提示窗口

（4）此过程大约需要 3～5 分钟的时间，静待过程结束后自动重启计算机即可，如图 2-27 所示。

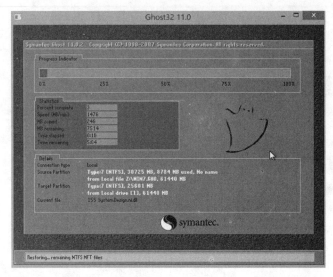

图 2-27　安装进度

（5）重启过程之后将会继续执行安装 Windows 7 系统的剩余过程，如图 2-28 所示，直到安装结束后可以进入 Windows 7 系统桌面。

图 2-28　Windows 7 系统的剩余安装过程

项目 10　基本操作实训技巧

【任务】务必在作答基本操作题前将计算机的扩展名和隐藏文件调整为显示。

操作步骤：

（1）打开考生文件夹，选择"组织"|"文件夹和搜索选项"命令，如图 2-29 所示。

（2）在弹出的对话框中，切换到"查看"选项卡，取消选中"隐藏已知文件类型的扩展名"，如图 2-30 所示。

（3）选择"显示隐藏的文件、文件夹和驱动器"单选按钮，如图 2-31 所示。

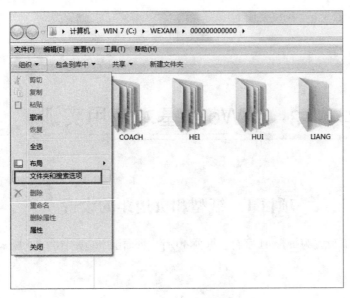

图 2-29   文件夹和搜索选项

（4）选择"确定"按钮。

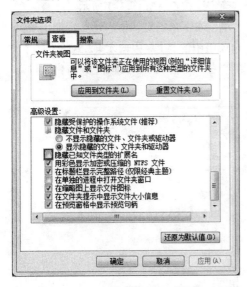

图 2-30   "文件夹选项"对话框 1

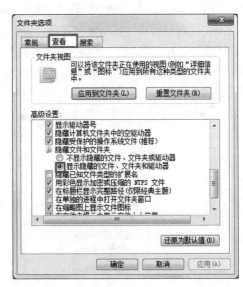

图 2-31   "文件夹选项"对话框 2

实训 3 ‖ Word 基本应用实训

项目 1 纸型和页边距的设置

【任务 1】页面设置为每行 41 字符，每页 40 行。页面上下边距各为 2.5 厘米，左右边距各为 3.5 厘米。

操作步骤：

（1）在"页面布局"选项卡"页面设置"组中，单击右下角的对话框启动器，弹出"页面设置"对话框，单击"文档网格"选项卡，选中"指定行和字符网格"单选按钮，在"字符数每行"中输入"41"，在"行数每页"中输入"40"，单击"确定"按钮，如图 3-1 所示。

（2）在"页面布局"选项卡"页面设置"组中，单击右下角的对话框启动器，弹出"页面设置"对话框，单击"页边距"选项卡，在"页边距"选项组中的"上"中输入"2.5 厘米"，在"下"中输入"2.5 厘米"，在"左"中输入"3.5 厘米"，在"右"中输入"3.5 厘米"，单击"确定"按钮返回编辑界面中，如图 3-2 所示。

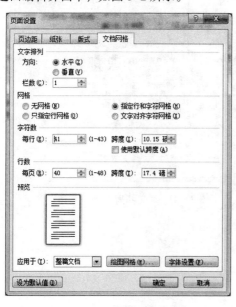

图 3-1 "文档网格"选项卡

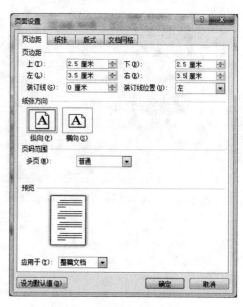

图 3-2 "页边距"选项卡

【任务 2】设置页面纸张大小为"16 开（18.4×26 厘米）"，并且设置页面垂直对齐方式为居中对齐。

操作步骤：

（1）打开 Word 文档，单击"页面布局"|"页面设置"按钮 。

（2）选择"纸张"选项卡。单击"纸张大小"下拉按钮，选择"16 开（18.4×26 厘米）"选项，如图 3-3 所示。

（4）选择"版式"选项卡，在"页面"|"垂直对齐方式"选项区域中选择"居中"选项，如图 3-4 所示。

（5）预览设置效果，单击"确定"按钮完成。

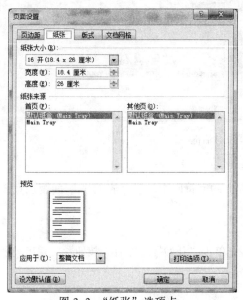 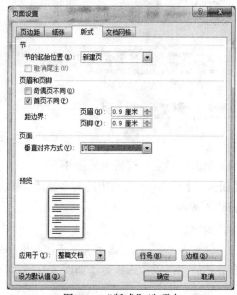

图 3-3　"纸张"选项卡　　　　　　　　　图 3-4　"版式"选项卡

项目 2　字体格式的设置

【任务 1】将标题段（"北京市高考录取分数线划定"）文字设置为 18 磅、红色、仿宋、加粗，并添加蓝色、双波浪下画线、西文字体为 Tahoma。

操作步骤：

（1）选中标题段文本，在"开始"选项卡的"字体"组中，单击右下角的对话框启动器，弹出"字体"对话框。

（2）在"字体"选项卡中设置"中文字体"为"仿宋"，西文字体为 Tahoma。设置"字号"为"18 磅"，设置"字体颜色"为"红色"，设置"字形"为"加粗"，设置"下画线线型"为"双波浪"，设置"下画线颜色"为"蓝色"，单击"确定"按钮，如图 3-5 所示。

【任务 2】将 Word 文档中的第一段文字字体设置为蓝色、黑体、20 磅、加粗、倾斜。

操作步骤：

（1）打开 Word 文档，选定第一段文字。

（2）单击"开始"|"字体"按钮 ，弹出"字体"对话框，选择"字体"选项卡。

（3）在"中文字体"下拉列表框中选择"黑体"，在"字形"列表框中选择"加粗倾斜"选项，在"字号"列表框中选择"20"选项，在"字体颜色"下拉列表框中选择"蓝色"选项。

图 3-5 "字体"对话框

（4）单击"确定"按钮（见图 3-5）。

【任务 3】将 Word 文档中的文字"计算机世界"的字符间距设置缩放 150%，间距加宽 3 磅，位置提升 3 磅。

操作步骤：

（1）打开 Word 文档，选定文字"计算机世界"，单击"开始"丨"字体"按钮，弹出"字体"对话框，选择"高级"选项卡，如图 3-6 所示。

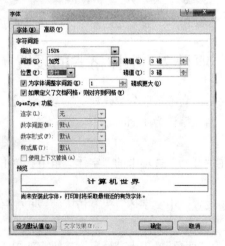

图 3-6 "字符间距"选项卡

（2）在"缩放"下拉列表框中选择"150%"选项，在"间距"下拉列表框中选择"加宽"选项，在"磅值"微调框中输入"3 磅"，在"位置"下拉列表框中选择"提升"选项，在"磅值"微调框中输入"3 磅"。

（3）单击"确定"按钮完成。

项目 3   边框和底纹设置

【任务 1】为 Word 文档的标题段文字"瑞星杀毒软件公司简介"设置 0.75 磅、红色、双线、阴影边框。

操作步骤：

（1）打开 Word 文档，选定标题文字。

（2）单击"页面布局"|"页面背景"|"页面边框"按钮，弹出"边框和底纹"对话框，选择"边框"选项卡，如图 3-7 所示。

（3）在"设置"选项区域中选择"阴影"选项；在"样式"列表框中选择"双线"选项；在"颜色"下拉列表框中选择"红色"选项；在"宽度"下拉列表框中选择"0.75 磅"选项。

（4）在"应用于"下拉列表框中选择"文字"选项。

（5）在"预览"区域中查看结果，确认后单击"确定"按钮完成，结果如图 3-8 所示。

【任务 2】为正文中的第一段文字设置红色、3 磅、双实线、阴影边框。

操作步骤：

（1）选定第一段，单击"页面布局"|"页面背景"|"页面边框"按钮，弹出"边框和底纹"对话框，选择"边框"选项卡，如图 3-9 所示。

图 3-7   设置文字的"边框"选项卡   图 3-8   设置文字边框后的效果

（2）在"样式"列表框中选择"双实线"，在"颜色"下拉列表框中选择"红色"选项，在"宽度"下拉列表框中选择"3 磅"选项。

（3）在"应用于"下拉列表框中选择"段落"选项。

（4）在"设置"选项区域中选择"阴影"样式。

（5）在"预览"区域中查看结果，确认后单击"确定"按钮完成，效果如图 3-10 所示。

注 意

　　题目若是要求取消边框中上、下、左、右某一边框线，单击"预览"区域中的相应按钮即可实现，再次单击这 4 个按钮即可添加相应边框线。

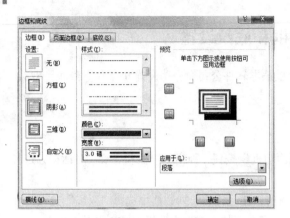

图 3-9　设置段落边框　　　　　　　　　　　图 3-10　设置段落边框后的效果

【任务3】将 Word 文档的标题文字"瑞星杀毒软件公司简介"设置为淡蓝色底纹，图案样式为 20%红色。

操作步骤：

（1）选定标题文字。

（2）单击"页面布局"|"页面背景"|"页面边框"按钮，弹出"边框和底纹"对话框。

（3）选择"底纹"选项卡，在"填充"下拉列表框中选择"淡蓝色"选项；在"图案"选项区域的"样式"下拉列表框中选择"20%"选项；在"颜色"下拉列表框中选择"红色"选项。

（4）在"应用于"下拉列表框中选择"文字"选项，如图 3-11 所示。

（5）在"预览"区域查看结果，确认后单击"确定"按钮，效果如图 3-12 所示。

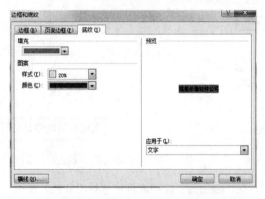

图 3-11　设置文字的"底纹"选项卡　　　　图 3-12　设置文字底纹后的效果

───注　意───

　　如果题目要求对标题段落设置边框和底纹，则应该在"应用于"下拉列表框中选择"段落"选项。如果题目要求对标题段落设置边框和底纹，则应该在"应用于"下拉列表框中选择"段落"选项。

【任务4】将正文中的第一段段落设置底纹为黄色，样式为 25%。

操作步骤：

（1）选定第一段文字，单击"页面布局"|"页面背景"|"页面边框"按钮，弹出"边框和底

纹"对话框。

（2）选择"底纹"选项卡。

（3）在"填充"选项区域选择"黄色"选项。

（4）在"样式"下拉列表框中选择"25%"
选项，如图 3-13 所示。

（5）在"应用于"下拉列表框中选择"段落"
选项。

（6）在"预览"区域中查看结果，确认后单
击"确定"按钮，效果如图 3-14 所示。

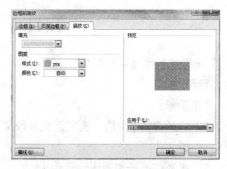

图 3-13 设置段落的"底纹"选项卡

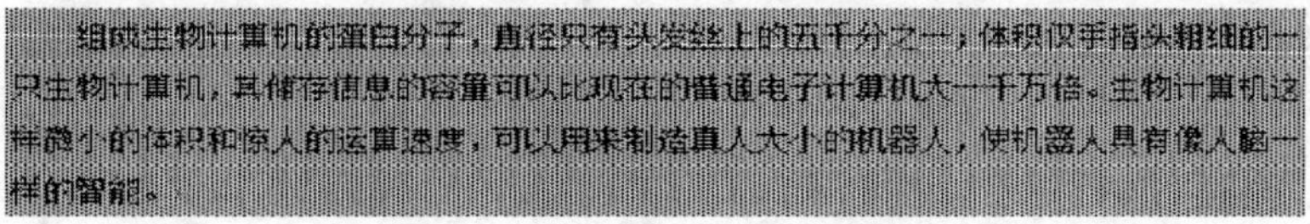

组成生物计算机的蛋白分子，直径只有头发丝上的五千分之一，体积仅手指头粗细的一
只生物计算机，其储存信息的容量可以比现在的普通电子计算机大一千万倍。生物计算机这
样微小的体积和惊人的运算速度，可以用来制造真人大小的机器人，使机器人具有像人脑一
样的智能。

图 3-14 设置段落底纹后的效果

───注　意──

"段落"的边框或底纹与"文字"的边框或底纹的区别就在于：段落边框或底纹是用于整个
段落（包括段落的空白部分），而文字边框或底纹，仅仅应用于所选文字。

【任务 5】为 Word 文档的标题段落"瑞星杀毒软件公司简介"设置 0.5 磅、无下边框线的红
色、双线、阴影边框，底纹为黄色。

操作步骤：

（1）选定标题段。

（2）单击"页面布局"|"页面背景"|"页面边框"按钮，弹出"边框和底纹"对话框。

（3）在"样式"列表框中选择"双线"选项；在"颜色"下拉列表框中选择"红色"选项；
在"宽度"下拉列表框中选择"0.5 磅"选项。

（4）在"应用于"下拉列表框中选择"段落"选项，在"设置"选项区域中选择"阴影"选项。

（5）单击"预览"选项区域中的 ▦ 按钮，取消下边框设置，如图 3-15 所示。

（6）选择"底纹"选项卡，在"填充"下拉列表框中选择"黄色"选项。

（7）在"预览"区域中查看结果，确认后单击"确定"按钮，效果如图 3-16 所示。

图 3-15 设置"边框和底纹"对话框

瑞星杀毒软件公司简介

图 3-16 设置后的效果

项目 4　段落格式设置

【任务 1】将 Word 文档正文各段文字设置段前间距为 0.5 行，首行缩进为 1.5 字符，行距为 1.2 倍行距。

操作步骤：

（1）打开 Word 文档，选定正文各段文字，单击"开始"丨"段落"按钮，弹出"段落"对话框，如图 3-17 所示。

（2）选择"缩进和间距"选项卡。

（3）在"间距"选项区域的"段前"微调框中输入"0.5 行"，在"行距"下拉列表框中选择"多倍行距"选项，在"设置值"微调框中输入"1.2"。

（4）在"特殊格式"下拉列表框中选择"首行缩进"选项，在"磅值"微调框中输入"1.5 字符"，单击"确定"按钮完成。

【任务 2】为正文各段文字设置左缩进 2 厘米，悬挂缩进 2 厘米，段后间距 2 厘米，行距为 5 磅，段落对齐方式为右对齐。

操作步骤：

（1）选定文字正文各段文字，单击"开始"丨"段落"按钮，弹出"段落"对话框，如图 3-18 所示。

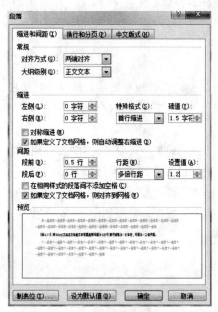
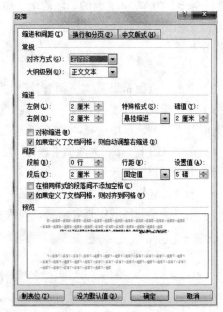

图 3-17　"段落"对话框 1　　　　　　　　图 3-18　"段落"对话框 2

（2）选择"缩进和间距"选项卡。

（3）在"常规"选项区域的"对齐方式"下拉列表框中选择"右对齐"选项。

（4）在"缩进"选项区域的"左侧"微调框中输入"2 厘米"，"特殊格式"下拉列表框中选择"悬挂缩进"选项，在"磅值"微调框中输入"2 厘米"。

（5）在"间距"选项区域的"段后"微调框中输入"2 厘米"，在"行距"下拉列表框中选择

"固定值"选项，在"设置值"微调框中输入"5磅"。

（6）单击"确定"按钮。

— 注　意 ——

　　设置段落格式时，如果文本框中的默认单位与实际要求单位不一致，如"间距"选项区域的"段后"微调框默认单位为"行"，题目要求为"厘米"，则清除原有单位，输入新的单位即可。

项目 5　查找和替换

【任务 1】将 Word 文档正文第一段文字中的所有"电脑"一词用"计算机"替换。

操作步骤：

（1）打开 Word 文档，选定第一段文字。

（2）单击"开始"|"替换"按钮 ᵃᵇᵃᶜ替换，弹出"查找和替换"对话框。

（3）选择"替换"选项卡。

（4）在"查找内容"组合框中输入"电脑"，在"替换为"组合框中输入"计算机"，如图 3-19 所示。

（5）单击"全部替换"按钮，弹出图 3-20 所示提示框，单击"确定"按钮完成替换。

图 3-19　"替换"选项卡

图 3-20　替换提示框

【任务 2】删除正文中所有的"湿度"一词。

操作步骤：

（1）单击"开始"|"替换"按钮 ᵃᵇᵃᶜ替换，弹出"查找和替换"对话框。

（2）选择"替换"选项卡。

（3）在"查找内容"组合框中输入"湿度"，"替换为"组合框空白，如图 3-21 所示。

（4）单击"全部替换"按钮完成。

【任务 3】将正文各段文字中的所有"高科技"一词设置为带下画线的、加粗、红色文字。

操作步骤：

（1）单击"开始"|"替换"按钮 ᵃᵇᵃᶜ替换，弹出"查找和替换"对话框，如图 3-22 所示。

图 3-21　输入替换内容

图 3-22　"查找和替换"对话框

（2）选择"替换"选项卡。

（3）在"查找内容"组合框中输入"高科技"，在"替换为"组合框中输入"高科技"。

（4）单击"更多"按钮，显示更多选项。

（5）选中"替换为"组合框中的"高科技"，单击"格式"按钮，选择"字体"命令。

（6）弹出"查找字体"对话框，设置文字下画线、字形加粗、红色字体，单击"确定"按钮。

注 意
　　此时"替换为"组合框下面显示当前的替换设置格式，如图 3-22 中箭头所指。

（7）单击"全部替换"按钮。

项目 6　插入页码、脚注/尾注、文件、日期和时间

【任务 1】在 Word 文档中插入页码，位置在页面底端（居中），样式为"甲，乙，丙…"，右侧对齐，首页显示页码。

操作步骤：

（1）打开 Word 文档，单击"插入"|"页眉和页脚"|"页码"按钮 。

（2）弹出"页码"下拉菜单，选择"页面底端"版式列表中的"普通数字 2"选项，如图 3-23 所示。

（3）在"页码"下拉菜单中选择"设置页码格式"命令，弹出"页码格式"对话框，如图 3-24 所示。

图 3-23　"页码"下拉菜单及"页面底端"版式列表　　图 3-24　"页码格式"对话框

（4）在"编号格式"下拉列表框中选择"甲，乙，丙…"数字格式。

（5）单击"确定"按钮。

【任务 2】在 Word 文档中插入页码，位置在页面顶端（居中）、起始页号为 36。

操作步骤：

（1）将光标置于 Word 文档第一页。

（2）单击"插入"|"页眉和页脚"|"页码"按钮 。

（3）弹出"页码"下拉菜单，选择"页面顶端"版式列表中的"普通数字 2"选项，参考图 3-23。

（4）在"页码"下拉菜单中选择"设置页码格式"命令，弹出"页码格式"对话框，如图 3-24 所示。

（5）在"页码编号"选项区域中选中"起始页码"单选按钮，在微调框中输入"36"。

（6）单击"确定"按钮。

【任务 3】在文档第一段"重点关注"后插入脚注"我们的家园"，脚注位置为页面底端。

操作步骤：

（1）将插入点定位在第一段"重点关注"一词右侧。

（2）单击"引用"|"脚注"按钮 ，弹出"脚注和尾注"对话框，如图 3-25 所示。

（3）在"位置"选项区域中选中"脚注"单选按钮，在后面的下拉列表框中选择"页面底端"选项。

（4）单击"插入"按钮，这时页面底端有光标闪动，输入"我们的家园"即可。

【任务 4】在考生文件夹下新建文档 DOC99，插入 studt 文件夹中的文档 DOC100 的内容，在文档 DOC99 第一段结尾处插入当前日期。

操作步骤：

（1）打开考生文件夹，双击打开新建的 DOC99 文档，单击"插入"|"文本"|"对象"下拉按钮，在"对象"下拉菜单中选择"文件中的文字"命令，如图 3-26 所示。

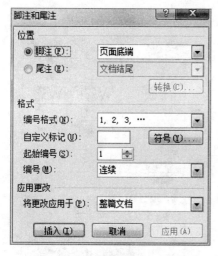

图 3-25 "脚注和尾注"对话框   图 3-26 "对象"下拉菜单

（2）弹出"插入文件"对话框，在左侧导航窗格中选择 studt 文件夹，如图 3-27 所示。

（3）选中 DOC100 文档，单击"插入"按钮，将 DOC100 文档中的内容全部插入 DOC99 文档中。

（4）把光标定位到 DOC99 文档的第一段结尾处，单击"插入"|"文本"|"日期和时间"按钮 日期和时间，弹出"日期和时间"对话框，如图 3-28 所示。

（5）在"可用格式"列表框中采用当前默认日期格式，单击"确定"按钮。

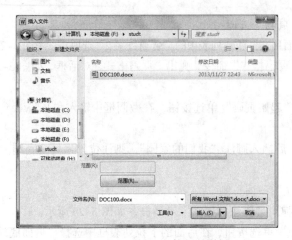

图 3-27 "插入文件"对话框   图 3-28 "日期和时间"对话框

项目 7 设置首字下沉、项目符号和编号、页眉/页脚及分栏

【任务 1】设置 Word 文档中的第一段文字首字下沉 3 行、宋体，距正文 0.1 厘米。

操作步骤：

（1）选定 Word 文档第一段的首字，单击"插入"|"文本"|"首字下沉"按钮，弹出"首字下沉"下拉菜单，如图 3-29 所示。

（2）选择"首字下沉选项"命令，弹出"首字下沉"对话框，如图 3-30 所示。

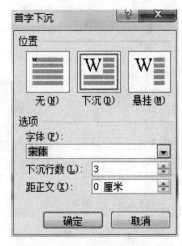

图 3-29 "首字下沉"下拉菜单   图 3-30 "首字下沉"对话框

（3）在"位置"选项区域中选择"下沉"选项，在"字体"下拉列表框中选择"宋体"选项。

（4）在"下沉行数"微调框中输入"3"，在"距正文"微调框中输入"0.1 厘米"。

（5）单击"确定"按钮完成。

— 注 意 —

　　如果"首字下沉"命令为灰色（不可用），可把光标移到第一段首字前，按【Enter】键插入一行。

【任务 2】为 Word 文档的第二～六段设置项目符号 ●。

操作步骤：

（1）选定 Word 文档正文的第二～六段，单击"开始"|"段落"|"项目符号"按钮 ≣ ▾。

（2）弹出"项目符号"下拉菜单，如图 3-31 所示。

（3）选择"项目符号库"列表中的圆形项目符号"●"即可。

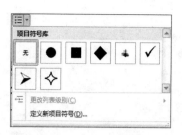

图 3-31　"项目符号"列表框

【任务 3】为 Word 文档的第二～六段设置中文数字编号，起始编号为"一、"，编号字体为隶书、小五、左对齐。

操作步骤：

（1）选定正文第二～六段。

（2）单击"开始"|"段落"|"编号"按钮 ≣ ▾，弹出"编号"下拉菜单，选择"编号库"中"一、二、三、"选项，如图 3-32 所示。

（3）选择"定义新编号格式"命令。

（4）弹出"定义新编号格式"对话框。在"编号样式"下拉列表框中选择"一，二，三（简）…"选项，在"对齐方式"下拉列表框中选择"左对齐"选项，如图 3-33 所示。

图 3-32　"编号"下拉菜单

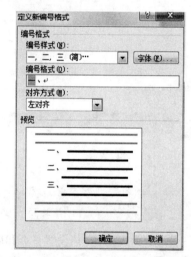

图 3-33　"定义新编号格式"对话框

（5）单击"字体"按钮，设置字体、字号。

（6）单击"确定"按钮。

【任务 4】在 Word 文档中插入页眉，内容为"美国文学"，楷体、小五号字。

操作步骤：

（1）单击"插入"|"页眉和页脚"|"页眉"按钮 📄。

（2）弹出"页眉"下拉菜单，选择"内置"版式列表中的"空白"选项，如图 3-34 所示。

（3）在页眉区输入"美国文学"，选定"美国文学"右击，在弹出的快捷菜单中选择"字体"命令，弹出"字体"对话框，设置字体和字号，单击"确定"按钮。

（4）单击"页眉和页脚工具-设计"|"关闭页眉和页脚"按钮完成，如图 3-35 所示。

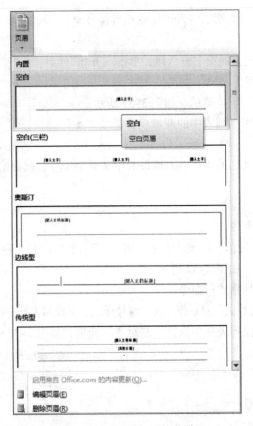

图 3-34 "页眉"下拉菜单

图 3-35 "页眉和页脚工具–设计"选项卡

【任务 5】为 Word 文档设置首页和后续页不同的页眉、页脚。

操作步骤：

（1）打开 Word 文档，单击"插入"｜"页眉和页脚"｜"页眉"按钮。

（2）在下拉菜单中选择"编辑页眉"命令，进入页眉编辑状态。

（3）选中"页眉和页脚工具–设计"｜"选项"｜"首页不同"复选框，如图 3-35 所示。

（4）文档第一页页眉区域显示"首页页眉"字样，页脚区域显示"首页页脚"字样，分别可以编辑首页页眉和页脚内容，如图 3-36 所示。

（5）文档第二页页眉区域显示"页眉"字样，页脚区域显示"页脚"字样，分别可以编辑页眉和页脚内容，如图 3-36 所示。

（6）单击"页眉和页脚工具–设计"｜"关闭页眉和页脚"按钮。

图 3-36　页眉和页脚

注　意

　　也可在"页面设置"对话框中设置页眉和页脚。

　　（1）单击"页面布局"|"页面设置"按钮，弹出"页面设置"对话框。

　　（2）选择"版式"选项卡，在"页眉和页脚"选项区域中选中"首页不同"复选框，如图 3-37 所示。

　　设置奇偶页不同的页眉和页脚时，方法和"首页不同"的设置相同。

图 3-37　"版式"选项卡

　　【任务 6】将文档的第二～四段分为两栏，栏宽为 19.94 字符，栏间距为 2 字符，栏宽相等并设置分隔线。

　　操作步骤：

　　（1）选定文档的第二～四段。

　　（2）单击"页面布局"|"分栏"按钮，弹出"分栏"下拉菜单，如图 3-38 所示。

　　（3）选择"更多分栏"命令，弹出"分栏"对话框，如图 3-39 所示。

　　（4）在"预设"选项区域中选择"两栏"选项，即分为两栏。

（5）在"宽度和间距"选项区域中设置栏宽为"19.94 字符"，间距为"2 字符"。

（6）选中"分隔线"复选框，即显示分隔线，选中"栏宽相等"复选框。

（7）预览设置效果，单击"确定"按钮。

【任务 7】将文档页面分为两栏，指定行和字符网格，每行 23 字符，每页 38 行。

操作步骤：

（1）打开文档，单击"页面布局"|"页面设置"按钮，弹出"页面设置"对话框。

（2）选择"文档网格"选项卡，在"文字排列"选项区域的"栏数"微调框中输入"2"，在"网格"选项区域选中"指定行和字符网格"单选按钮，在"字符数"选项区域的"每行"微调框中输入"23"，在"行数"选项区域的"每页"微调框中输入"38"，如图 3-40 所示。

（3）预览设置效果，单击"确定"按钮。

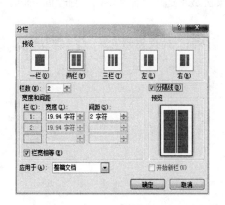

图 3-39　"分栏"对话框

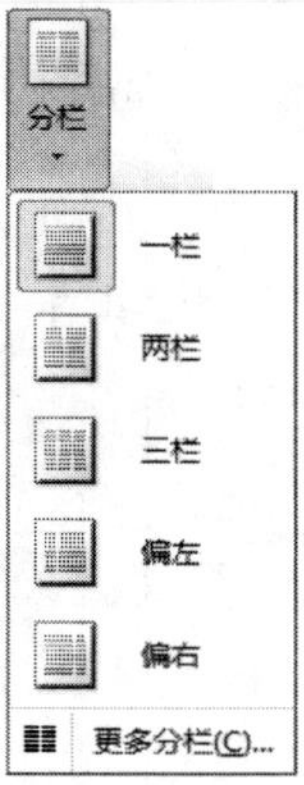

图 3-38　"分栏"下拉菜单

图 3-40　"文档网格"选项卡

项目 8　表格的建立、拆分与合并

【任务 1】建立 4 行 5 列的表格样式 1（见图 3-41），并设置列宽为 2.5 厘米，行高为 0.9 厘米。

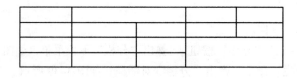

图 3-41　样式 1

操作步骤：

（1）单击"插入"|"表格"|"表格"按钮▦。

（2）弹出"插入表格"下拉菜单，拖动出"4×5 表格"，如图 3-42 所示；也可选择"插入表格"命令，弹出"插入表格"对话框，在"列数""行数"微调框中分别输入"5""4"，单击"确定"按钮，如图 3-43 所示。

图 3-42　"插入表格"下拉菜单　　　　　　　　　图 3-43　"插入表格"对话框

（3）全选表格，单击"表格工具–布局"|"表"|"属性"按钮▦，如图 3-44 所示。

图 3-44　"表格工具–布局"选项卡

（4）弹出"表格属性"对话框，如图 3-45 所示。选择"列"选项卡，在"第 1-5 列"选项区域中选中"指定宽度"复选框，并在微调框中输入"2.5 厘米"。也可在"表格工具–布局"|"单元格大小"|▦ 宽度: 2.5 微调框中设置。

图 3-45　"表格属性"对话框

（5）单击"确定"按钮。

（6）选中表格的右下角4个单元格，单击"表格工具-布局"|"合并"|"合并单元格"按钮，完成这4个单元格的合并。

（7）选中表格第一行的第二、三单元格，单击"表格工具-布局"|"合并"|"合并单元格"按钮。

【任务2】将图3-46所示的"样式2"表格的第一行拆分成两行，并将各行平均分布。

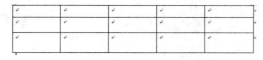

图3-46　样式2

操作步骤：

（1）选中表格的第一行，单击"表格工具-布局"|"合并"|"拆分单元格"按钮。

（2）弹出"拆分单元格"对话框，如图3-47所示。分别在"列数""行数"微调框中输入"5"和"2"。

（3）单击"确定"按钮。

（4）单击田标记，全选表格，单击"表格工具-布局"|"单元格大小"|"分布行"按钮。

【任务3】把图3-48所示的"样式3"表格第二行单元格的上、下边距设置为1厘米。

图3-47　"拆分单元格"对话框

图3-48　样式3

操作步骤：

（1）选定表格的第二行，单击"表格工具-布局"|"表"|"属性"按钮。

（2）弹出"表格属性"对话框，选择"单元格"选项卡，如图3-49所示。

（3）单击"选项"按钮，弹出"单元格选项"对话框，分别在"上""下"微调框中输入"1厘米"，如图3-50所示。

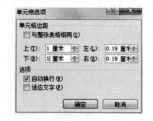

图3-49　"表格属性"对话框　　　　　图3-50　"单元格选项"对话框

（4）单击"确定"按钮，效果如图 3-51 所示。

图 3-51 设置单元格边距后的效果

项目 9 表格行列的插入、删除和表格属性的设置

【任务 1】在表格的第二行处插入一行。

方法一：把光标定位在第一行表格外的段落标记（即 ↵ ）左侧，按【Enter】键即可插入。每按一次【Enter】键插入一行。

方法二：选中表格中要插入新行的上一行，单击"表格工具-布局"｜"行和列"｜"在下方插入"按钮，或选中表格中要插入新行的下一行，单击"表格工具-布局"｜"行和列"｜"在上方插入"按钮。

—注 意—
在表格中插入列，可依照以上两种方法，单击"表格工具-布局"｜"行和列"｜"在左/右侧插入"按钮完成。

另外，若要在表格中插入多行/列，可以选择多行/列数（与要插入的多行/列数一致），进行插入操作。

【任务 2】如图 3-52 所示的样式 4，在第一行和第二行之间插入一个空行，在第一列和第二列之间插入一个空列。

A↵	B↵	C↵	D↵	E↵	↵
A↵	B↵	C↵	D↵	E↵	↵
A↵	B↵	C↵	D↵	E↵	↵

图 3-52 样式 4

操作步骤：

（1）选中表格第一行，单击"表格工具-布局"｜"行和列"｜"在下方插入"按钮。

（2）选中表格第一列，单击"表格工具-布局"｜"行和列"｜"在右侧插入"按钮，效果如图 3-53 所示。

A↵	↵	B↵	C↵	D↵	E↵	↵
↵	↵	↵	↵	↵	↵	↵
A↵	↵	B↵	C↵	D↵	E↵	↵
A↵	↵	B↵	C↵	D↵	E↵	↵

图 3-53 插入行、列后的效果

【任务 3】如图 3-54 所示的样式 5，将第二行和第二列删除。

1↵	2↵	3↵	4↵	5↵
1↵	2↵	3↵	4↵	5↵
1↵	2↵	3↵	4↵	5↵
1↵	2↵	3↵	4↵	5↵

图 3-54　样式 5

操作步骤：

（1）选中表格第二行，单击"表格工具-布局"｜"行和列"｜"删除"按钮，弹出"删除"下拉菜单，选择"删除行"命令，如图 3-55 所示。

（2）选中表格第二列，单击"表格工具-布局"｜"行和列"｜"删除"按钮，弹出"删除"下拉菜单，选择"删除列"命令，效果如图 3-56 所示。

1↵	3↵	4↵	5↵
1↵	3↵	4↵	5↵
1↵	3↵	4↵	5↵

图 3-55　"删除"下拉菜单　　　　　图 3-56　删除行、列后的效果

【任务 4】如图 3-57 所示的样式 6，要求删除第一行第一列单元格，右边单元格左移，删除第二行第二列单元格，下边单元格上移。

1↵	3↵	4↵	5↵
1↵	3↵	4↵	5↵
1↵	3↵	4↵	5↵

图 3-57　样式 6

操作步骤：

（1）选中表格第一行第一列单元格，单击"表格工具-布局"｜"行和列"｜"删除"按钮，弹出"删除"下拉菜单，选择"删除单元格"命令，弹出"删除单元格"对话框，选中"右侧单元格左移"单选按钮，单击"确定"按钮，如图 3-58 所示。

（2）选中表格第二行第二列单元格，单击"表格工具-布局"｜"行和列"｜"删除"按钮，弹出"删除"下拉菜单，选择"删除单元格"命令，弹出"删除单元格"对话框，选中"下方单元格上移"单选按钮，单击"确定"按钮，如图 3-59 所示，效果如图 3-60 所示。

图 3-58　"删除单元格"对话框 1　　　　图 3-59　"删除单元格"对话框 2

3	4	5		
1	3	4	5	
1		4	5	

图 3-60　删除单元格后的效果

注 意

如果要整行或整列删除，可以选中"删除整行"或"删除整列"单选按钮。

【任务 5】如图 3-61 所示的样式 7，设置表格的对齐方式为居中，文字环绕方式为"环绕"，距正文左边 0.32 厘米，右边 0.32 厘米，单元格垂直对齐方式为居中。

姓名	英语	物理	数学	平均成绩
柳传信	89	73	89	83.67
王芳	85	78	89	
李建国	70	80	65	

图 3-61　样式 7

操作步骤：

（1）全选表格，单击"表格工具-布局"|"表"|"属性"按钮，弹出"表格属性"对话框。

（2）选择"表格"选项卡，如图 3-62 所示。在"对齐方式"选项区域中选择"居中"选项，在"文字环绕"选项区域中选择"环绕"选项。

图 3-62　"表格属性"对话框 1

（3）单击"定位"按钮，弹出"表格定位"对话框，如图 3-63 所示。

（4）在"距正文"选项区域的"左""右"微调框中输入"0.32 厘米"，单击"确定"按钮。

（5）选择"单元格"选项卡，如图 3-64 所示，在"垂直对齐方式"选项区域中选择"居中"选项。

（6）单击"确定"按钮。

图 3-63 "表格定位"对话框

图 3-64 "表格属性"对话框 2

项目 10   文本与表格的相互转换

【任务 1】将下列四行文字转换为 4 行 3 列的表格。

统计项目	非饮酒者	经常饮酒者
统计人数	8979	9879
肝炎发病率	43%	32%
心血管发病率	56%	23%

操作步骤：

（1）选中四行文字（包括段落标记），单击"插入"|"表格"|"表格"按钮，弹出"插入表格"下拉菜单，选择"文本转换成表格"命令。

（2）弹出"将文字转换成表格"对话框，如图 3-65 所示。在"表格尺寸"选项区域的"列数"微调框中输入"3"。

（3）在"文字分隔位置"选项区域中选择"空格"单选按钮，单击"确定"完成，效果如图 3-66 所示。

图 3-65 "将文字转换成表格"对话框

统计项目	非饮酒者	经常饮酒者
统计人数	8979	9879
肝炎发病率	43%	32%
心血管发病率	56%	23%

图 3-66 将文字转换成表格后的效果

> **注 意**
> 如果文字之间以其他分隔符分隔，可在"文字分隔位置"选项区域选择相应的分隔符选项。

【任务 2】将下列四行文字转换为 4 行 4 列的表格。

姓 名，	数 学，	语文，	英语
李 明，	85，	89，	76
王 磊，	68，	69，	82
赵永山，	73，	81，	94

操作步骤：

（1）选定文字中的列分隔符"，"并复制。

（2）选中 4 行文字，单击"插入"|"表格"|"表格"按钮，弹出"插入表格"下拉菜单，选择"文本转换成表格"命令。

（3）弹出"将文字转换成表格"对话框，如图 3-67 所示。在"表格尺寸"选项区域的"列数"微调框中输入"4"。

（4）在"文字分隔位置"选项区域中选中"其他字符"单选按钮。

（5）激活右侧文本框，并按【Ctrl+V】组合键，粘贴"，"至文本框内。

（6）单击"确定"按钮。

─ 注 意 ─
　　因为本任务文字之间都是以中文"，"来分隔，所以不能选择"文字分隔位置"中的英文"逗号"单选按钮。

【任务 3】将图 3-68 所示的样式 8 表格转换成文字。

学年	理论教学学时	实践教学学时
第一学年	596	128
第二学年	624	156
第三学年	612	188
第四学年	580	188

图 3-67　"将文字转换成表格"对话框　　　　图 3-68　样式 8

操作步骤：

（1）全选表格，单击"表格工具-布局"|"数据"|"转换为文本"按钮。

（2）弹出"表格转换成文本"对话框，如图 3-69 所示。在"文字分隔符"选项区域中选中"段落标记"单选按钮，单击"确定"按钮完成。

图 3-69　"表格转换成
文本"对话框

项目 11　表格的计算和排序

【任务 1】建立图 3-70 所示的样式 9 表格，并用公式计算总分和平均分。

姓名	数学	语文	英语	总分
刘芳	87	68	86	
田亮	97	79	79	
黎明	68	97	96	
平均分				

图 3-70　样式 9

操作步骤：

（1）单击"插入"|"表格"|"表格"按钮，新建 5 行 5 列的表格，根据图 3-70 所示输入数据。

（2）把插入点移到"总分"下方第一个单元格（即第二行第五列单元格）。

（3）单击"表格工具–布局"|"数据"|"公式"按钮 f_x，弹出"公式"对话框。

（4）选择"粘贴函数"下拉列表框中的 SUM 选项，将会在"公式"文本框中显示。

（5）在"公式"文本框中的"=SUM()"的括号中输入参数"LEFT"（对左边求和之意），如图 3-71 所示，单击"确定"按钮。

> **注 意**
>
> 因为是对当前单元格所在行左边的所有数字求和，所以求和公式的参数用 LEFT。

（6）第三、四行的求总分计算方法与第二行相同，再重复第（3）（4）（5）步。

（7）把插入点移到"平均分"右边第一个单元格，求平均分。

（8）单击"表格工具–布局"|"数据"|"公式"按钮 f_x，弹出"公式"对话框。

（9）单击"粘贴函数"下拉列表框中的求平均值函数 AVERAGE 选项，将会在"公式"文本框中显示。

（10）在"公式"文本框中的"=ANERAGE()"的括号中输入参数"ABOVE"（对上边求平均值之意），如图 3-72 所示，单击"确定"按钮。

图 3-71　求和计算

图 3-72　求平均值计算

> **注 意**
>
> 因为是对当前单元格所在列上方的所有数字求平均值，所以求平均值公式的参数用 ABOVE。

（11）第三、四列的求平均分计算方法与第二列相同，重复第（8）（9）（10）步。

【任务 2】如图 3-73 所示的样式 10，在表格"金额（元）"列的相应单元格中按公式"金额=单价×数量"计算，并填入合计金额。

操作步骤：

（1）把插入点移到"金额"下方第一个单元格（即第二行第四列单元格）。

（2）单击"表格工具–布局"|"数据"|"公式"按钮 f_x，弹出"公式"对话框。

（3）在"公式"文本框中输入"=B2*C2"。

（4）单击"确定"按钮完成。第三～五行的计算方法与第二行相同。

乐器名称	数量	单价(元)	金额(元)
电子琴	6	2000	
手风琴	4	900	
萨克斯	5	1100	
钢琴	3	9000	

图 3-73　样式 10

─ 注　意 ─

　　Word 表格和 Excel 电子表格的单元格地址相似, 可以用单元格地址直接进行加减乘除计算。

　　【任务 3】对图 3-74 所示的数据进行排序, 按工业产值升序排序, 如果工业产值相等, 再按农业产值降序排序。

单位	工业	农业	总产值
第一区	2500	2500	5000
第二区	2800	3700	6500
第三区	2500	3200	5700
第四区	1600	5900	7500

图 3-74　样式 11

　　操作步骤:

　　（1）选中表格中的任意单元格, 单击"表格工具-布局"|"数据"|"排序"按钮 。

　　（2）弹出"排序"对话框, 如图 3-75 所示。在"列表"选项区域中选中"有标题行"单选按钮。

　　（3）在"主要关键字"下拉列表框中选择"工业"所在的"列 2"选项, 在"类型"下拉列表框中选择"数字"选项, 并选中"升序"单选按钮。

　　（4）在"次要关键字"下拉列表框中选择"农业"所在的"列 3"选项, 在"类型"下拉列表框中选择"数字"选项, 并选中"降序"单选按钮。

　　（5）单击"确定"按钮, 效果如图 3-76 所示。

图 3-75　"排序"对话框

单位	工业	农业	总产值
第四区	1600	5900	7500
第三区	2500	3200	5700
第一区	2500	2500	5000
第二区	2800	3700	6500

图 3-76　排序后的效果

项目 12　设置表格的字体、边框和底纹

　　【任务 1】设置表格中的所有文字为红色, 倾斜加粗, 字号四号, 并垂直水平居中。

　　操作步骤:

　　（1）选定表格文字, 单击"开始"|"字体"按钮 。

　　（2）在"字体"对话框中按要求设置字号、字体颜色、字形。

　　（3）单击"确定"按钮。

　　（4）选定表格文字并右击, 在弹出的快捷菜单中选择"单元格对齐方式"命令（见图 3-77）, 单击"水平居中"按钮 , 或单击"表格工具-布局"|"对齐方式"组中的"水平居中"按钮 。

　　【任务 2】设置表格为红色底纹, 外边框为红色 1.5 磅双实线, 内框线为蓝色 0.5 磅单实线。

操作步骤：

（1）全选表格，单击"页面布局"|"页面背景"|"页面边框"按钮，弹出"边框和底纹"对话框，如图 3-78 所示。

图 3-77　右键快捷菜单

图 3-78　"边框和底纹"对话框

（2）选择"边框"选项卡。

（3）在"设置"选项区域中选择"方框"选项。

（4）在"样式"列表框中选择"双实线"选项，在"颜色"下拉列表框中选择"红色"选项，在"宽度"下拉列表框中选择"1.5 磅"选项。

（5）在"设置"选项区域中选择"自定义"选项，设置内框线，如图 3-79 所示。

（6）在"样式"列表框中选择"单实线"选项，在"颜色"下拉列表框中选择"蓝色"选项，在"宽度"下拉列表框中选择"0.5 磅"选项。

（7）单击内边框的"横线"按钮▣、"竖线"按钮▦（图 3-79 中箭头所指），预览设置效果。

（8）单击"确定"按钮，效果如图 3-80 所示。

（9）表格底纹的设置与文字的底纹设置方法相同。

图 3-79　"边框和底纹"对话框

单位	工业	农业	总产值
第四区	1600	5900	7500
第三区	2500	3200	5700
第一区	2500	2500	5000
第二区	2800	3700	6500

图 3-80　内外边框设置后的效果

【任务 3】设置表格第一行下边框为红色双实线 1.5 磅，第一列右边框为蓝色单实线 0.5 磅。

操作步骤：

（1）选定表格第一行，单击"页面布局"|"页面背景"|"页面边框"按钮，弹出"边框和底纹"对话框。

（2）选择"边框"选项卡。

（3）在"设置"选项区域中选择"自定义"选项。

（4）在"样式"列表框中选择"双实线"选项，在"颜色"下拉列表框中选择"红色"选项，在"宽度"下拉列表框中选择"1.5 磅"选项。

（5）单击"下边框"按钮▦用来取消原来的黑色下边框，再次单击"下边框"按钮▦，加上设置好的 1.5 磅红色双实线下边框，如图 3-81 所示。

图 3-81 设置下边框

（6）单击"确定"按钮。

（7）选中表格第一列，弹出"边框和底纹"对话框，在"设置"选项区域中选择"自定义"选项，在"样式"列表框中选择"单实线"选项，在"颜色"下拉列表框中选择"蓝色"选项，在"宽度"下拉列表框中选择"0.5 磅"选项。

（8）单击"右边框"按钮▦用来取消原来的黑色右边框，再次单击"右边框"按钮▦，加上设置好的 0.5 磅蓝色单实线右边框，如图 3-82 所示。

（9）单击"确定"按钮，效果如图 3-83 所示。

单位	工业	农业	总产值
第四区	1600	5900	7500
第三区	2500	3200	5700
第一区	2500	2500	5000
第二区	2800	3700	6500

图 3-82 设置右边框   图 3-83 边框设置后的效果

项目 13 自动套用表格格式和绘制斜线表头

【任务 1】设置表格自动套用格式为表格样式"彩色型 2"。

操作步骤：

（1）全选表格，打开"表格工具-设计"|"表格样式"列表框，如图 3-84 所示。

（2）选中列表框中的"彩色型 2"样式▦。

【任务 2】在表格中绘制表格斜线表头。

操作步骤：

（1）单击"表格工具-设计"|"绘图边框"|"绘制表格"按钮▦。

（2）鼠标指针变为笔形，用笔形鼠标指针在表格第一个单元格上从左上角拖动到右下角，如图 3-85 所示。

图 3-84　"表格样式"列表框　　　　　　　　　图 3-85　绘制斜线表头

项目 14　插入艺术字和文本框

【任务 1】将文档中的标题"快乐星球"设置为"艺术字样式 16"的艺术字。

操作步骤：

（1）选定标题"快乐星球"，单击"插入"｜"文本"｜"艺术字"按钮 ，弹出"艺术字库"下拉列表框，如图 3-86 所示。

（2）选择"艺术字样式 16"样式，弹出"编辑艺术字文字"对话框，如图 3-87 所示。

（3）设置字号、字体，单击"确定"按钮。

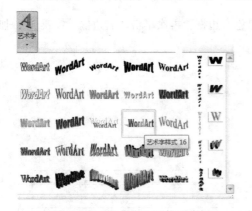

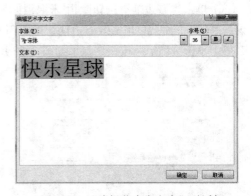

图 3-86　"艺术字"下拉列表框　　　　　　　　图 3-87　"编辑艺术字文字"对话框

【任务 2】在文档中第二段后面插入文本框，输入"地球是我们的家园"，并设置文本框的底纹颜色为白色，黑色单实线 0.75 磅，环绕方式为四周型。

操作步骤：

（1）光标定位在第二段后面，单击"插入"｜"文本"｜"文本框"按钮 ，将会弹出一个文本框，输入文字"地球是我们的家园"。

（2）在文本框上右击，在弹出的快捷菜单中选择"设置文本框格式"命令，弹出"设置文本框格式"对话框。

（3）选择"颜色与线条"选项卡，如图 3-88 所示。

（4）在"填充"选项区域的"颜色"下拉列表框中选择"白色"选项，在"线条"选项区域的"颜色"下拉列表框中选择"黑色"选项，"线型"选择"单实线"，"粗细"选择"0.75 磅"。

（5）选择"版式"选项卡，选择"环绕方式"为"四周型"，如图 3-89 所示。

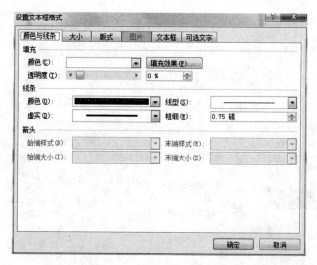

图 3-88　"颜色与线条"设置

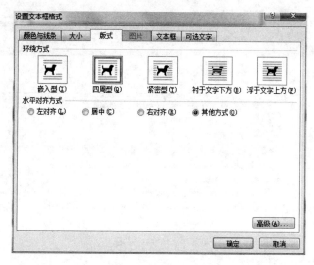

图 3-89　"环绕方式"设置

（6）单击"确定"按钮。

项目 15　设置最近所用的文件数和自动保存时间

【任务 1】设置最近所用的文件数为 4 个。

操作步骤：

（1）选择"文件"｜"最近所用文件"命令，如图 3-90 所示。

（2）选中"快速访问此数目的'最近使用文档'"复选框，并在微调框中输入"4"。

【任务 2】设置文档自动保存时间为 3 分钟。

操作步骤：

（1）单击"文件"｜"选项"命令。

（2）弹出"Word 选项"对话框，选择"保存"选项，如图 3-91 所示。

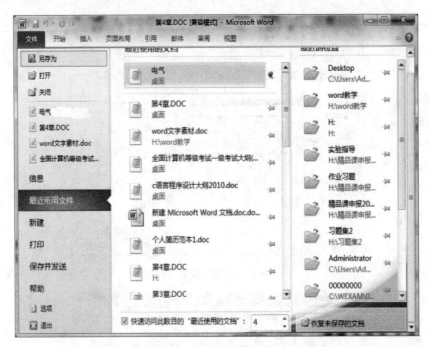

图 3-90 "常规"选项卡

图 3-91 "保存"选项

（3）选中"保存自动恢复信息时间间隔"复选框，并在微调框中输入"3"。

（4）单击"确定"按钮。

项目 16　分页符的插入和删除

【任务 1】如图 3-92 所示，在第一段和第二段之间插入分页符（即将第二段分到第二页）。

操作步骤：

（1）将光标定位在第一段结束位置，单击“页面布局”|“分隔符”按钮。

（2）弹出“分隔符”下拉菜单，选中“分页符”列表中的“分页符”选项即可，如图 3-93 所示。

面向对象方法基于构造问题领域的对象模型，以对象为中心构造软件系统。它的基本方法是用对象模拟问题领域中的实体，以对象间的联系刻画实体间的联系。因为面向对象的软件系统的结构是根据问题领域的模型建立起来的，而不是基于对系统应完成的功能的分解，所以，当对系统的功能需求变化时并不会引起软件结构的整体变化，往往仅需要一些局部性的修改。例如，从已有类派生出一些新的子类以实现功能扩充或修改，增加删除某些对象等等。总之，由于现实世界中的实体是相对稳定的，因此，以对象为中心构造的软件系统也是比较稳定的。

面向对象方法基于构造问题领域的对象模型，以对象为中心构造软件系统。它的基本方法是用对象模拟问题领域中的实体，以对象间的联系刻画实体间的联系。因为面向对象的软件系统的结构是根据问题领域的模型建立起来的，而不是基于对系统应完成的功能的分解，所以，当对系统的功能需求变化时并不会引起软件结构的整体变化，往往仅需要一些局部性的修改。例如，从已有类派生出一些新的子类以实现功能扩充或修改，增加删除某些对象等等。总之，由于现实世界中的实体是相对稳定的，因此，以对象为中心构造的软件系统也是比较稳定的。

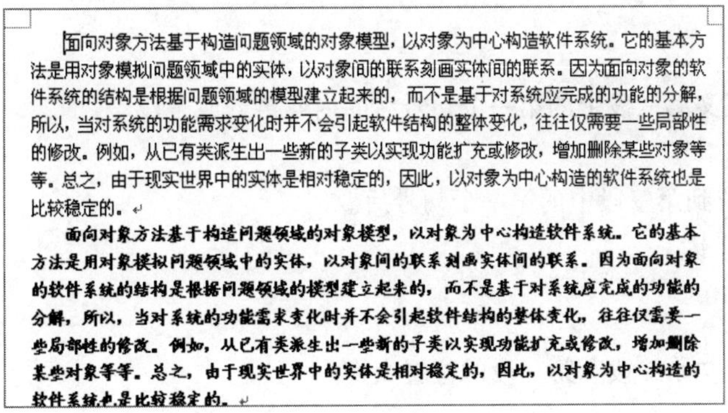

图 3-92　文字样式

【任务 2】如【任务 1】的结果，把第一段和第二段之间的分页符删除。

操作步骤：

方法一：

（1）单击“视图”|“文档视图”|“大纲视图”按钮。

（2）双击“分页符”3 个字以选中分页符标记，按【Delete】键删除即可，如图 3-94 所示。

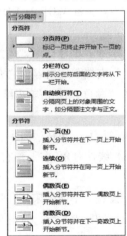

图 3-93　“分隔符”下拉菜单

面向对象方法基于构造问题领域的对象模型，以对象为中心构造软件系统。它的基本方法是用对象模拟问题领域中的实体，以对象间的联系刻画实体间的联系。因为面向对象的软件系统的结构是根据问题领域的模型建立起来的，而不是基于对系统应完成的功能的分解，所以，当对系统的功能需求变化时并不会引起软件结构的整体变化，往往仅需要一些局部性的修改。例如，从已有类派生出一些新的子类以实现功能扩充或修改，增加删除某些对象等等。总之，由于现实世界中的实体是相对稳定的，因此，以对象为中心构造的软件系统也是比较稳定的。

分页符

面向对象方法基于构造问题领域的对象模型，以对象为中心构造软件系统。它的基本方法是用对象模拟问题领域中的实体，以对象间的联系刻画实体间的联系。因为面向对象的软件系统的结构是根据问题领域的模型建立起来的，而不是基于对系统应完成的功能的分解，所以，当对系统的功能需求变化时并不会引起软件结构的整体变化，往往仅需要一些局部性的修改。例如，从已有类派生出一些新的子类以实现功能扩充或修改，增加删除某些对象等等。总之，由于现实世界中的实体是相对稳定的，因此，以对象为中心构造的软件系统也是比较稳定的。

图 3-94　删除分页符

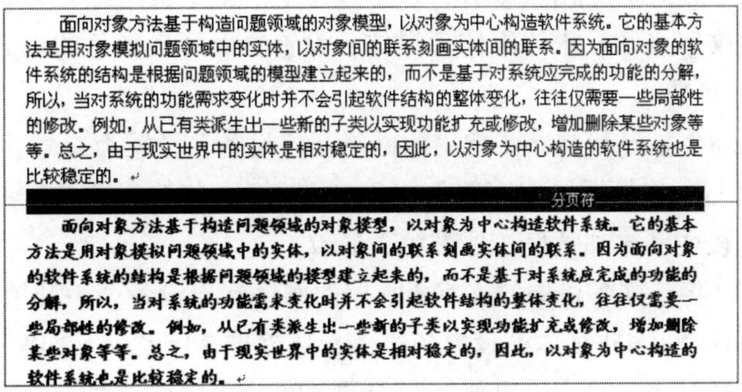

方法二：

（1）单击“开始”|“段落”|“显示/隐藏编辑标记”按钮，显示分页符标记。

（2）双击“分页符”3 个字以选中分页符标记，按【Delete】键删除即可。

项目 17　段落的编辑

1. 段落的合并

【任务 1】将正文的三、四两段合并为一段。

操作步骤：

（1）将光标定位到第三段的段落标记处。

（2）按【Delete】键。

2. 段落的分段

【任务 2】将正文第三段中的第一个句号后的内容再分成一段。

操作步骤：

（1）将光标定位到第三段中的第一个句号后。

（2）按【Enter】键。

3. 段落的交换

【任务 3】将正文第二段和第三段的位置交换。

操作步骤：

（1）选中第三段。

（2）右击，在弹出的快捷菜单中选择"剪切"命令。

（3）将光标定位在第二段起始位置，右击，在弹出的快捷菜单中选择"粘贴"命令。

项目 18　综 合 训 练

【任务 1】打开文档 WORD1.DOCX，按照要求完成下列操作并以文件名 WORD1.DOCX 保存文档。

（1）将文中所有的错词"网罗"替换为"网络"，同时为"网络"添加着重号；将文档页面的纸张大小设置为"16 开（18.4×26 厘米）"、上下页边距各为 3 厘米；为文档添加内容为"大学教材"的文字水印，水印字体为黑体；设置页面背景颜色的填充效果为"颜色，预设/羊皮纸""底纹样式/水平"。

（2）将标题段文字"常用的网络互连设备"设置为二号、红色（标准色）、黑体、居中、段后间距 1 行；将标题段文字颜色红色（标准色）修饰为"渐变–深色变体/线性对角–左上到右下"；为标题段文字添加黄色（标准色）底纹。

（3）将正文各段中的文字"常用的网络互连设备……开销更大。"设置为小四号宋体、西文设置为小四号 Arial 字体；设置各段落悬挂缩进 2 字符、1.2 倍行距、段前间距 0.6 行；为正文第三段"网桥是……'广播风暴'。"中的"802.3"一词添加超链接"http://baike.baidu.com"。

第（1）项操作步骤：

① 打开考生文件夹下的 WORD1.DOCX 文件，在"开始"选项卡"编辑"组中单击"替换"按钮，弹出"查找和替换"对话框，如图 3-95 所示。在"查找内容"文本框中输入"网罗"，在"替换为"文本框中输入"网络"，单击"更多"按钮，单击"格式"下拉按钮，选择"字体"命

令。在弹出的"查找字体"对话框中，单击"字体"选项卡中的"着重号"下拉按钮，选择着重号，单击"确定"按钮。单击"全部替换"按钮，单击"关闭"按钮。

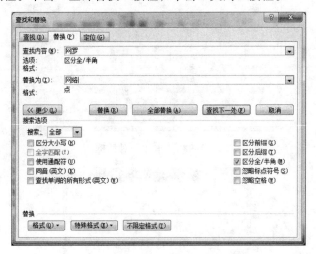

图 3-95　"查找和替换"对话框

② 单击"页面布局"|"页面设置"按钮，在"页边距"选项卡中设置上、下页边距均为 3 厘米。选择"纸张"选项卡，单击"纸张大小"下拉按钮，选择"16 开（18.4×26 厘米）"选项，单击"确定"按钮，如图 3-96 和图 3-97 所示。

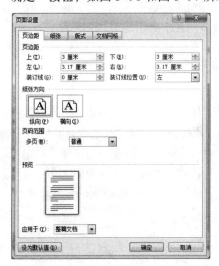

图 3-96　"页边距"选项卡

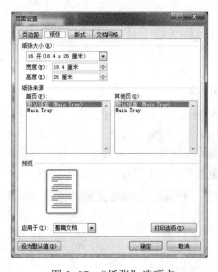

图 3-97　"纸张"选项卡

③ 单击"页面布局"|"页面背景"|"水印"下拉按钮，选择"自定义水印"选项。选中"文字水印"单选按钮，在"文字"文本框中输入"大学教材"，单击"字体"下拉按钮，选择"黑体"选项，单击"确定"按钮，如图 3-98 所示。

④ 单击"页面布局"|"页面背景"|"页面颜色"下拉按钮，选择"填充效果"选项。在"渐变"选项卡中选中"预设"单选按钮，单击"预设颜色"下拉按钮，选择"羊皮纸"选项；在底纹样式中选中"水平"单选按钮，单击"确定"按钮，如图 3-99 所示。

图 3-98 "水印"对话框

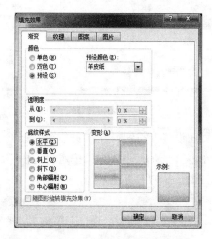

图 3-99 设置填充效果

第（2）项操作步骤：

① 选中标题段文字，单击"开始"|"字体"|"字体"下拉按钮，选择"黑体"选项，单击**"字号"**下拉按钮，选择"二号"，单击"字体颜色"下拉按钮，选择"红色（标准色）"选项。单**击"段落"**按钮，在弹出的"段落"对话框中单击"对齐方式"下拉按钮，选择"居中"选项。**在间距**选项区域中设置段后间距为 1 行，单击"确定"按钮，如图 3-100 和图 3-101 所示。

图 3-100 设置字体

图 3-101 设置段落

②　选中标题段文字，单击"字体"丨"字体颜色"下拉按钮，选择"渐变"丨"浅色变体"丨
"线性对角–左上到右下"选项，如图 3–102 所示。

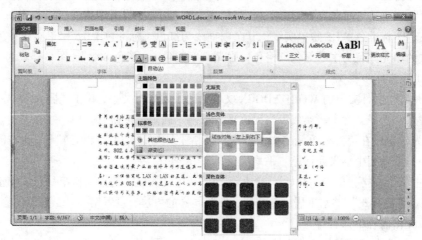

图 3–102　设置渐变

③　选中标题段文字，单击"段落"丨"底纹"下拉按钮，选择"黄色（标准色）"选项。

第（3）项操作步骤：

①　选中正文各段文字，单击"开始"丨"字体"按钮。在弹出的"字体"对话框中，单击"中
文字体"下拉按钮，选择"宋体"选项，单击"西文字体"下拉按钮，选择"Arial"选项。在字
号中选择"小四"选项，单击"确定"按钮。

②　单击"段落"按钮，在"缩进和间距"选项卡中单击"特殊格式"下拉按钮，选择"悬
挂缩进"选项，磅值默认为"2 字符"。单击"行距"下拉按钮，选择"多倍行距"选项，设置值
为"1.2"。设置段前间距为"0.6 行"，单击"确定"按钮。

③　选中文字"802.3"，单击"插入"丨"链接"丨"超链接"按钮，弹出"插入超链接"对话
框，在"地址"组合框中输入"http://baike.baidu.com"，单击"确定"按钮，如图 3–103 所示。

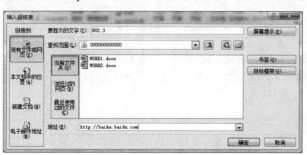

图 3–103　"插入超链接"对话框

④　保存并关闭文档。

【任务 2】打开文档 WORD2.DOCX，按照要求完成下列操作并以文件名 WORD2.DOCX 保
存文件。

（1）将文中后 8 行文字转换成一个 8 行 5 列的表格；设置表格居中，表格第一行和第一、二
列的内容水平居中，表格其余单元格内容中部右对齐；在表格右侧增加一列、输入列标题"平均

成绩";并在新增列相应单元格内填入左侧三门功课的平均成绩;表格内容按"平均成绩"列的"数字"类型降序排列。

（2）设置表格各列列宽为 2.2 厘米、各行行高为 0.7 厘米;设置表格外框线和第一、二行间的内框线为红色（标准色）1.5 磅单实线、其余内框线为红色（标准色）0.5 磅单实线;为表格设置底纹,底纹的填充颜色为主题颜色"橙色,强调文字颜色 6,淡色 80%",图案样式为"5%"。

第（1）项操作步骤:

① 打开考生文件夹下的 WORD2.DOCX 文件,选中后 8 行文字,单击"插入"|"表格"|"表格"下拉按钮,选择"文本转换成表格"选项,单击"确定"按钮。

② 将光标定位在第五列单元格中,单击"表格工具-布局"|"行和列"|"在右侧插入"按钮,在第一行第六列中输入列标题"平均成绩"。

③ 选中整个表格,单击"开始"|"段落"|"居中"按钮。选中表格第一行,单击"表格工具-布局"|"对齐方式"|"水平居中"按钮,按照同样的方法,设置第一、二列的内容水平居中,表格其余单元格内容中部右对齐。

④ 光标定位在第二行第五列单元格,单击"表格工具-布局"|"数据"|"公式"按钮。在"公式"文本框中,输入"=AVERAGE（C2:E2）",单击"确定"按钮,如图 3-104 所示。按照同样的方法,计算出该列其他单元格的数值。

图 3-104　计算平均成绩

⑤ 将光标定位在表格中,单击"表格工具-布局"|"数据"|"排序"按钮。单击"主要关键字"下拉按钮,选择"平均成绩"选项,单击"类型"下拉按钮,选择"数字"选项,选中"降序"单选按钮,单击"确定"按钮。

第（2）操作步骤:

① 选中整个表格,在"表格工具-布局"|"单元格大小"组中,设置高度为 0.7 厘米,宽度为 2.2 厘米。

② 将光标定位在表格内,单击"表格工具-设计"|"表格样式"|"边框"下拉按钮,选择"边框和底纹"选项。在弹出的对话框中单击"全部"按钮,在"样式"中选择"单实线"选项,在"颜色"中选择"红色（标准色）"选项,在"宽度"中选择"0.5 磅"选项,单击"确定"按钮。

③ 单击"绘图边框"|"绘制表格"按钮,单击"笔样式"下拉按钮,选择"单实线"选项,单击"笔画粗细"下拉按钮,选择"1.5 磅"选项,单击"笔颜色"下拉按钮,选择"红色（标准色）"

选项，绘制表格的外框线和第一行的下框线，如图 3–105 所示。绘制完成后，再次单击"绘制表格"按钮，取消绘制。

图 3–105 绘制表格

④ 选中整个表格，单击"表格工具–设计"|"表格样式"|"边框"下拉按钮，选择"边框和底纹"选项。在弹出的对话框中单击"底纹"选项卡，单击"填充"下拉按钮，选择"橙色，强调文字颜色 6，淡色 80%"选项，单击"样式"下拉按钮，选择"5%"选项，单击"确定"按钮，如图 3–106 所示。

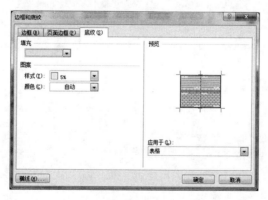

图 3–106 设置底纹

⑤ 保存并关闭文件。

实训 4　PowerPoint 基本应用实训

项目 1　演示文稿的创建和基本编辑

【任务 1】在考生文件夹下，新建演示文稿 xjys.pptx，在演示文稿的第一张幻灯片中分别添加标题"登月计划"、副标题"嫦娥工程"。

操作步骤：

（1）在考生文件夹下右击，选择"新建"｜"Microsoft PowerPoint 演示文稿"命令，重命名为"xjys.pptx"，并打开演示文稿。

（2）选择"文件"｜"新建"命令，在"可用的模板和主题"列表框中选择"空白演示文稿"选项，单击右侧的"创建"按钮，如图 4-1 所示。

图 4-1　创建演示文稿

（3）弹出空白演示文稿，如图 4-2 所示，在显示的第一张幻灯片中分别把光标定位在主标题占位符和副标题占位符中，输入题目要求的文字，保存即可。

> **注 意**
> 标题占位符即图 4-2 所示的"标题"和"副标题"区域框。

图 4-2　空白演示文稿

【任务 2】在演示文稿开始处插入一张版式为"标题幻灯片"的新幻灯片，作为演示文稿的第一张幻灯片。主题输入"诺基亚"，副标题输入"NOKIA"，设置中文为楷体、60 磅、加粗，英文为 Tahoma、60 磅，主副标题全部为蓝色（用"颜色"对话框的"自定义"选项卡设置红色 0、绿色 0、蓝色 255）。

操作步骤：

（1）在"普通"视图的"幻灯片/大纲"窗格中，用鼠标指针指向演示文稿第一张幻灯片前面的位置单击，将光标（图 4-3 中箭头所指的长黑线）定位在最前面。

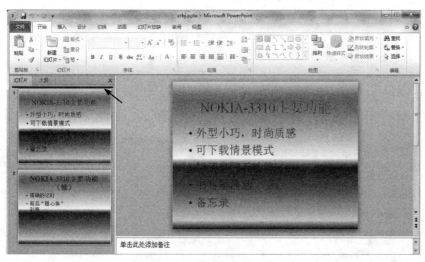

图 4-3　插入新幻灯片前

（2）单击"开始" | "幻灯片" | "新建幻灯片"按钮 ，弹出"新建幻灯片"下拉菜单，在"默认设计模板"列表框中选择"标题幻灯片"选项，如图 4-4 所示。

（3）在新插入的幻灯片中，分别把光标定位在主标题占位符（见图 4-5）和副标题占位符中，输入题目要求的文字并设置字体格式。

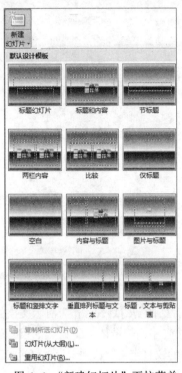

图 4-4 "新建幻灯片"下拉菜单

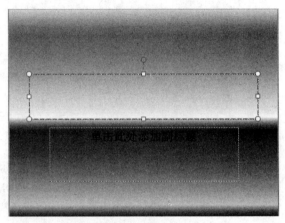

图 4-5 单击主标题占位符

注 意

对于字体格式的设置，单击"开始"|"字体"按钮 ，在弹出的"字体"对话框中设置，如图 4-6 所示。

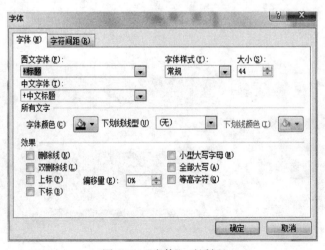

图 4-6 "字体"对话框

（4）蓝色字体的设置方法如图 4-7 所示。设置效果如图 4-8 所示。

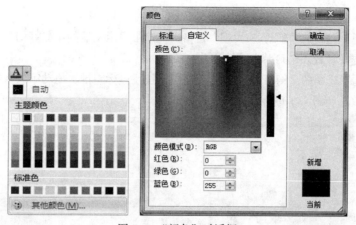

图 4-7　"颜色"对话框

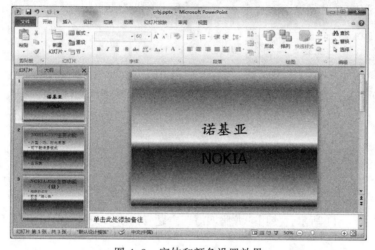

图 4-8　字体和颜色设置效果

【任务 3】如图 4-9 所示，将演示文稿的第二张幻灯片删除，将第三张幻灯片移至第一张幻灯片前。

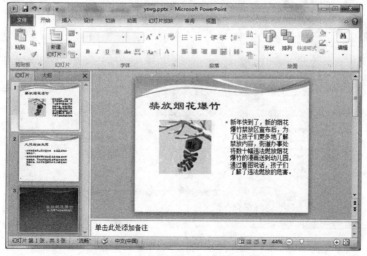

图 4-9　删除、移动幻灯片前

操作步骤：

（1）在"普通"视图的"幻灯片/大纲"窗格中，选中演示文稿的第二张幻灯片，右击，在弹出的快捷菜单中选择"删除幻灯片"命令。

（2）在"普通"视图的"幻灯片/大纲"窗格中，按住鼠标左键，拖动第三张幻灯片到第一张幻灯片前即可，效果如图 4-10 所示。

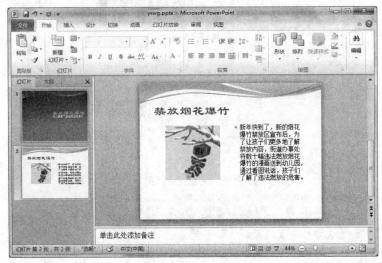

图 4-10　删除、移动幻灯片后

项目 2　演示文稿的修饰

【任务 1】如图 4-11 所示，使用"龙腾四海"主题修饰演示文稿，第二张幻灯片版式修改为"标题和竖排文字"。

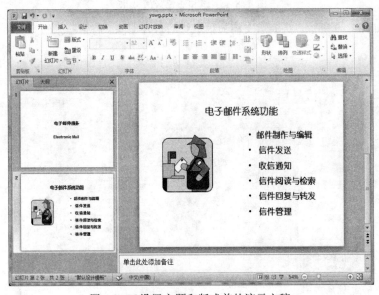

图 4-11　设置主题和版式前的演示文稿

操作步骤：

（1）在演示文稿中，单击"设计"丨"主题"按钮　，弹出"所有主题"下拉菜单，在"内置"列表框中选择"龙腾四海"选项，如图 4-12 所示。

图 4-12　"主题"列表框

（2）在"普通"视图的"幻灯片/大纲"窗格中，选中演示文稿的第二张幻灯片，如图 4-13 所示。

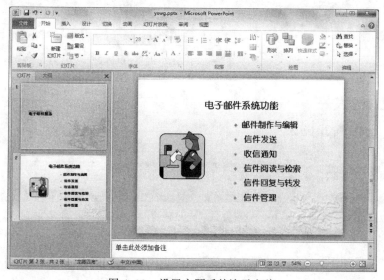

图 4-13　设置主题后的演示文稿

（3）单击"开始"丨"幻灯片"丨"版式"按钮　版式，弹出"版式"下拉列表框，选择"标题和竖排文字"版式，如图 4-14 所示，效果如图 4-15 所示。

── 注　意 ───────────────────────────────

　　　主题是对演示文稿所有幻灯片设置的统一风格的背景格式，版式是对演示文稿中某一张幻灯片内文字等内容的排版设置，背景填充是对演示文稿中某一张幻灯片的背景格式的设置。

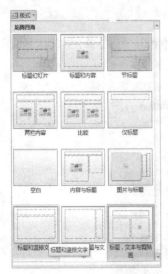

图 4-14　"版式"设置

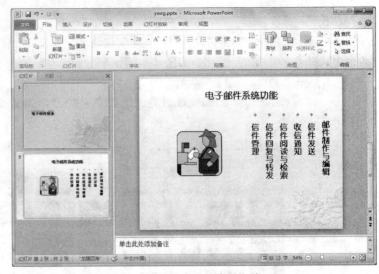

图 4-15　设置版式后的演示文稿

【**任务 2**】如图 4-16 所示，将演示文稿第一张幻灯片的背景填充设置为水滴纹理。

图 4-16　设置背景填充纹理前的演示文稿

操作步骤：

（1）在"普通"视图的"幻灯片/大纲"窗格中，选中演示文稿的第一张幻灯片，如图 4-16 所示。

（2）单击"设计"|"背景"|"背景样式"按钮 ，弹出"背景样式"下拉菜单，设置后如图 4-17 所示。

（3）选择"设置背景格式"命令，弹出"设置背景格式"对话框，如图 4-18 所示。

（4）选择"填充"|"图片或纹理填充"单选按钮，单击"纹理"下拉按钮 ，弹出列表如图 4-19 所示，选择"水滴"选项。

图 4-17　设置背景填充纹理后的演示文稿

图 4-18　"设置背景格式"对话框

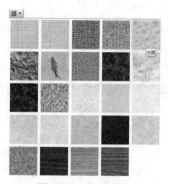

图 4-19　纹理列表

——注　意——————————————————————————————————

　　背景填充可用纯色、渐变、图片、纹理和图案等，如图 4-18 所示。

【任务 3】如图 4-20 所示，将演示文稿第一张幻灯片在隐藏背景图形的情况下，背景填充为渐变，预设颜色为"碧海青天"，类型为"线性"，方向为"线性对角-左上到右下"，效果如图 4-21所示。

图 4-20　设置背景填充前的演示文稿

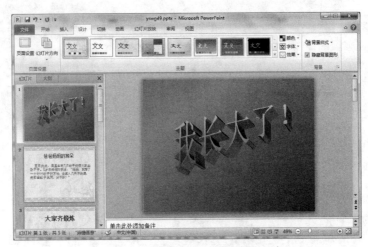

图 4-21　设置背景填充后的演示文稿

操作步骤：

（1）在"普通"视图的"幻灯片/大纲"窗格中，选中演示文稿的第一张幻灯片。

（2）单击"设计"｜"背景"｜"背景样式"按钮 <kbd>背景样式▾</kbd>，弹出"背景样式"下拉菜单，如图 4-20 所示。

（3）选择"设置背景格式"命令，弹出"设置背景格式"对话框，选择"填充"｜"渐变填充"单选按钮，如图 4-22 所示。

（4）选中"隐藏背景图形"复选框。

（5）单击"预设颜色"下拉按钮 <kbd>▾</kbd>，弹出下拉列表，选择"碧海青天"选项，在"类型"下拉列表框中选择"线性"选项，单击"方向"下拉按钮 <kbd>▾</kbd>，弹出下拉列表，选择"线性对角-左上到右下"选项，如图 4-23 所示。

（6）单击"关闭"按钮，效果如图 4-21 所示。

> ──注 意─────
>
> 如果要应用到所有幻灯片和幻灯片母版，应单击"全部应用"按钮。

图 4-22　"设置背景格式"对话框

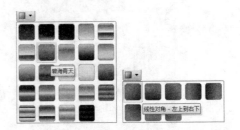

图 4-23　"预设颜色"和"方向"下拉列表框

【任务 4】在演示文稿的第五张幻灯片（见图 4-20）中插入样式为"填充-无，轮廓-强调文字颜色 2"的艺术字"网民第一次上网的地点"（位置为水平：3 厘米，度量依据：左上角；垂直：3 厘米，度量依据：左上角）。

操作步骤：

（1）在"普通"视图的"幻灯片/大纲"窗格中，选中演示文稿的第五张幻灯片。

（2）单击"插入"|"文本"|"艺术字"按钮，弹出"艺术字"下拉列表，如图 4-24 所示，选择"填充–无，轮廓–强调文字颜色 2"选项，效果如图 4-25 所示。

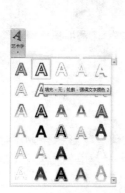

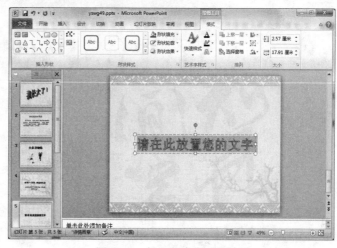

图 4-24　"艺术字"下拉列表　　　　　　　　图 4-25　插入艺术字后的效果

（3）在"请在此放置您的文字"占位符中输入"网民第一次上网的地点"，完成艺术字的插入。

（4）右击艺术字，在弹出的快捷菜单中选择"设置形状格式"命令，弹出"设置形状格式"对话框，选择"位置"选项，设置水平和垂直均为 3 厘米、左上角，如图 4-26 所示。

（5）单击"关闭"按钮，效果如图 4-27 所示。

图 4-26　"设置形状格式"对话框　　　　　　图 4-27　艺术字效果

【任务 5】在演示文稿的第五张幻灯片（见图 4-27）中艺术字的下方插入图 4-28 所示的表格，表格文字全部设置为 24 磅，第一行文字居中。

操作步骤：

（1）在"普通"视图的"幻灯片/大纲"窗格中，选中演示文稿的第五张幻灯片。

（2）单击"插入"|"表格"|"表格"按钮，弹出"表格"下拉列表，拖动出2行4列表格完成表格插入。

（3）在表格中输入文字，分别设置字体格式和对齐方式，效果如图4-29所示。

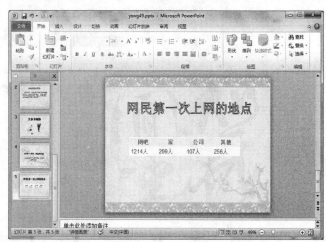

网吧	家	公司	其他
1214人	299人	107人	256人

图4-28　样表一　　　　　　　　　　　　　　图4-29　插入表格后的效果

【任务 6】在演示文稿第四张幻灯片的剪贴画区域插入有关地图"baggage"的剪贴画，不包括Office.com内容。

操作步骤：

（1）在"普通"视图的"幻灯片/大纲"窗格中，选中演示文稿的第四张幻灯片。

（2）单击剪贴画占位符中的"剪贴画"按钮，右侧弹出"剪贴画"任务窗格，在"搜索文字"文本框中输入"地图"，单击"搜索"按钮，在搜索结果列表中选择"baggage"剪贴画，如图4-30所示。

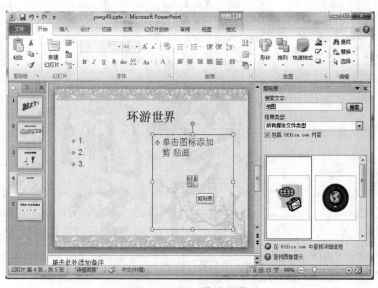

图4-30　插入剪贴画前

（3）取消选中"包括Office.com内容"复选框，关闭"剪贴画"任务窗格，效果如图4-31所示。

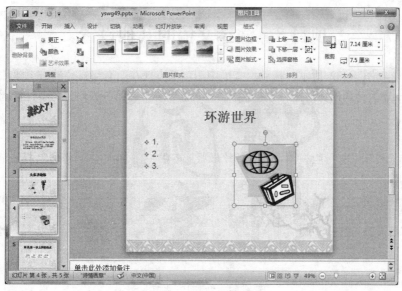

图 4-31　插入剪贴画后

【任务 7】如图 4-31 所示，在演示文稿的最后插入一张版式为"标题和内容"的新幻灯片，在内容占位符中插入有关网络的剪贴画。

操作步骤：

（1）在"普通"视图的"幻灯片/大纲"窗格中，选中演示文稿的最后一张幻灯片，插入版式为"标题和内容"的新幻灯片，效果如图 4-32 所示。

图 4-32　插入"标题和内容"幻灯片

（2）单击内容区域的"剪贴画"按钮，同【任务 6】步骤完成操作。

── 注　意 ─────────────────────────────

内容区域有 6 个插入按钮，分别为"插入表格""插入图表""插入 SmartArt 图形""插入来自文件的图片""剪贴画""插入媒体剪辑"，可以插入不同的对象。

项目 3　演示文稿的其他设置

【任务 1】如图 4-32 所示，在演示文稿中用母版方式在所有幻灯片的右下角插入通信类的 "board meeting" 关键词的剪贴画，不包括 Office.com 内容，在第一张幻灯片备注区插入文本"开场白 3 分钟"。

操作步骤：

（1）单击"视图"|"母版视图"|"幻灯片母版"按钮 ，如图 4-33 所示，打开演示文稿"母版"视图，如图 4-34 所示。

图 4-33　"视图"选项卡

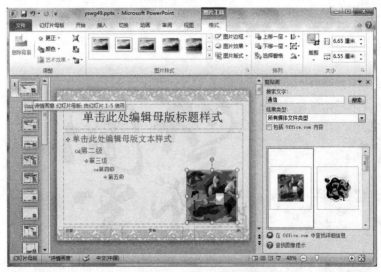

图 4-34　"母版"视图

（2）在"母版"视图的"幻灯片"窗格中，滚动条滚动到最上方，选中第一张幻灯片（注意图中提示文字"由幻灯片 1-5 使用"）。

（3）单击"插入"|"图像"|"剪贴画"按钮 ，完成插入剪贴画操作，拖动到幻灯片右下角，如图 4-34 所示。

（4）单击"幻灯片母版"|"关闭母版视图"按钮 ，效果如图 4-35 所示。

（5）单击第一张幻灯片下方的备注区，输入文本"开场白 3 分钟"完成。

【任务 2】如图 4-36 所示，在演示文稿中设置母版，使每张幻灯片的左下角出现文字"玩具鸭坠海"，这个文字所在文本框的位置为水平：3.4 厘米，度量依据：左上角；垂直：17.4 厘米，度量依据：左上角。其字体为"黑体"，字号为 15 磅。

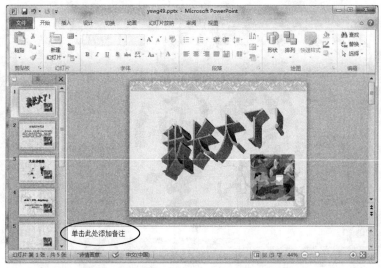

图 4-35　母版方式插入剪贴画后的效果

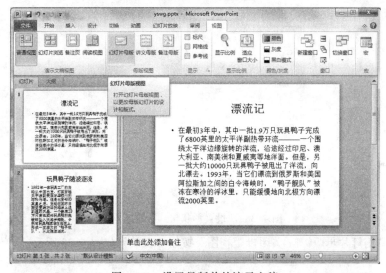

图 4-36　设置母版前的演示文稿

操作步骤：

（1）单击"视图"|"母版视图"|"幻灯片母版"按钮，打开演示文稿"母版"视图，如图 4-37 所示。

（2）在"母版"视图的"幻灯片"窗格中，滚动条滚动到最上方，选中第一张幻灯片（注意图中提示文字"由幻灯片 1-2 使用"），如图 4-37 所示。

（3）单击"插入"|"文本"|"文本框"按钮，在弹出的下拉菜单中选择"横排文本框"命令，在幻灯片中拖动鼠标形成一个文本框，输入文字"玩具鸭坠海"，设置字体格式为"黑体"，字号为 15 磅。

（4）右击文本框，在弹出的快捷菜单中选择"设置形状格式"命令，弹出"设置形状格式"对话框，选择"位置"选项，设置水平："3.4 厘米"，垂直："17.4 厘米"，均为"自：左上角"，如图 4-38 所示。

图 4-37 "母版"视图

图 4-38 "设置形状格式"对话框

（5）单击"幻灯片母版"I"关闭母版视图"按钮，效果如图 4-39 所示。

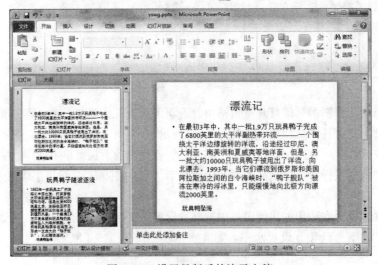

图 4-39 设置母版后的演示文稿

【任务 3】如图 4-40 所示，在演示文稿的第一张幻灯片的文本部分输入文字"北京应急救助预案"，并将文字设置为倾斜，加下画线，文本居中。文本动画设置为"进入-飞入、自底部"。将艺术字"基本生活费价格变动应急救助"的动画设置为"进入-擦除、自顶部"，第一张幻灯片的动画顺序为先艺术字后文本。

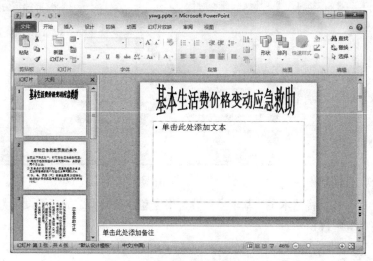

图 4-40　设置动画前的演示文稿

操作步骤：

（1）在"普通"视图的"幻灯片/大纲"窗格中，选中演示文稿的第一张幻灯片。

（2）选中内容占位符，输入文字"北京应急救助预案"，并设置文字倾斜，加下画线，文本居中，如图 4-41 所示。

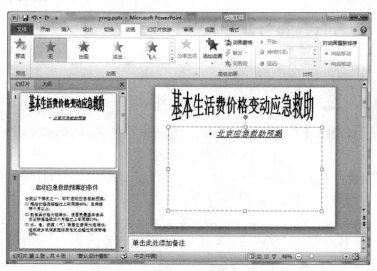

图 4-41　输入文字后的演示文稿

（3）选中文字"北京应急救助预案"，单击"动画"|"动画"按钮，弹出"动画"下拉菜单，在"进入"列表框中选择"飞入"选项，如图 4-42 所示。单击"动画"|"效果选项"按钮，弹出"方向"下拉菜单，选择"自底部"选项，如图 4-43 所示。

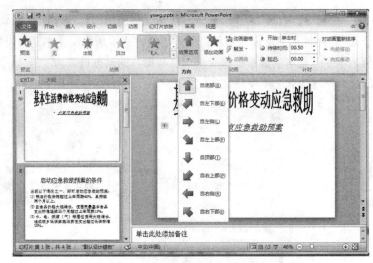

图 4-42 "动画"下拉菜单　　　　　　　　图 4-43 "方向"下拉菜单

（4）用同样的方法，将艺术字"基本生活费价格变动应急救助"的动画设置为"进入-擦除、自顶部"，效果如图 4-44 所示。

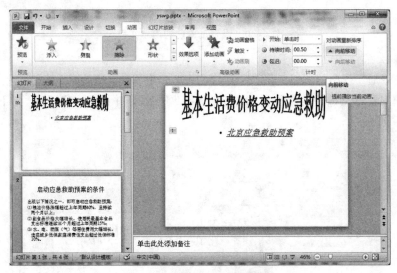

图 4-44 设置动画后的效果

（5）选中艺术字，单击"动画"|"计时"|"对动画重新排序"|"向前移动"按钮 ▲向前移动，设置第一张幻灯片的动画顺序为先艺术字后文本，效果如图 4-45 所示。

—注 意—

艺术字和文字前面的动画顺序编号，由原来的 ②、① ，改为 ①、② 。

【**任务 4**】如图 4-40 所示，在演示文稿的第四张幻灯片标题文本"启动应急救助预案"上设置超链接，链接对象是第二张幻灯片，全部幻灯片切换效果为"溶解"，放映方式为"演讲者放映（全屏幕）"。

操作步骤：

（1）在"普通"视图的"幻灯片/大纲"窗格中，选中演示文稿的第四张幻灯片。

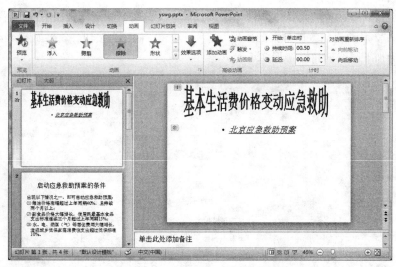

图 4-45　设置动画顺序后的效果

（2）选中标题文本"启动应急救助预案"，单击"插入"｜"链接"｜"超链接"按钮，如图 4-46 所示。弹出"插入超链接"对话框，如图 4-47 所示。

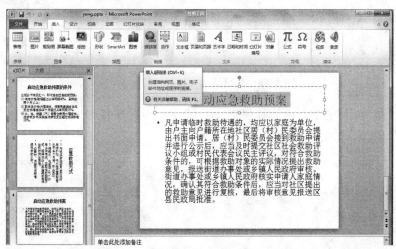

图 4-46　插入超链接

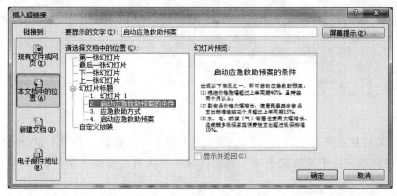

图 4-47　"插入超链接"对话框

（3）在"链接到"区域选择"本文档中的位置"选项，在"请选择文档中的位置"区域选择"幻灯片标题"|"2 启动应急救助预案的条件"选项，单击"确定"按钮，效果如图 4-48 所示（注意标题文字变为加下画线的超链接形式）。

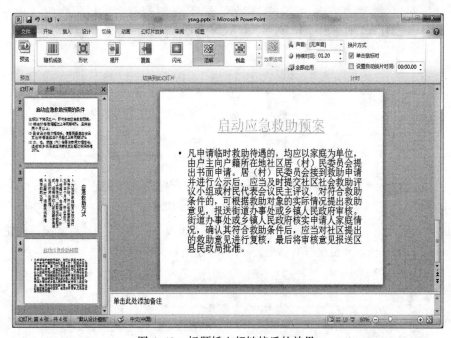

图 4-48　标题插入超链接后的效果

（4）单击"切换"|"设置"|"切换到此幻灯片"按钮 ，弹出"切换"下拉列表，选择"华丽型"|"溶解"选项，如图 4-49 所示。

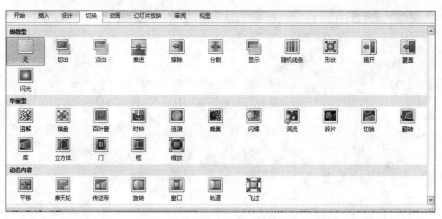

图 4-49　"切换"下拉列表

（5）单击"幻灯片放映"|"设置"|"设置幻灯片放映"按钮 ，如图 4-50 所示，弹出"设置放映方式"对话框，选中"放映类型"选项区域的"演讲者放映（全屏幕）"单选按钮，如图 4-51 所示，单击"确定"按钮。

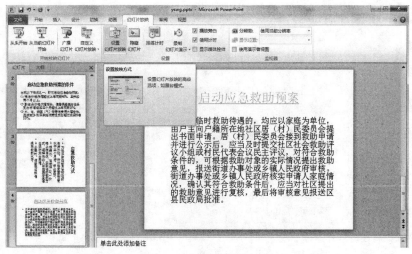

图 4-50　设置幻灯片放映

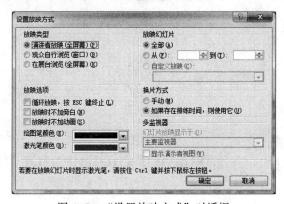

图 4-51　"设置放映方式"对话框

项目 4　综 合 训 练

【任务 1】打开考生文件夹下的演示文稿 yswg.pptx，按照下列要求完成此文稿的修饰并保存。

（1）在最后一张幻灯片前插入一张版式为"仅标题"的幻灯片，标题为"领先同行业的技术"，在水平为 3.6 厘米，自：左上角；垂直为 10.7 厘米，自：左上角的位置插入样式为"填充-蓝色，强调文字颜色 2，暖色粗糙棱台"的艺术字"Maxtor Storage for the world"。艺术字文本效果为"转换-跟随路径-上弯弧"，艺术字宽度为"18 厘米"，将该幻灯片向前移动，作为演示文稿的第一张幻灯片，删除第五张幻灯片。将最后一张幻灯片的版式更换为"垂直排列标题与文本"。第二张幻灯片的内容区域文本动画设置为"进入-飞入"，效果选项为"自右侧"。

（2）第一张幻灯片的背景设置为"水滴"纹理，并隐藏背景图形；全文幻灯片切换方案设置为"棋盘"，效果选项为"自顶部"。幻灯片放映方式为"观众自行浏览（窗口）"。

第（1）项操作步骤：

① 打开考生文件夹下的 yswg.pptx 文件，单击第三张和第四张幻灯片中间区域，单击"开始"|"幻灯片"|"新建幻灯片"下拉按钮，选择"仅标题"选项，如图 4-52 所示。输入标题为"领先同行业的技术"，如图 4-53 所示。

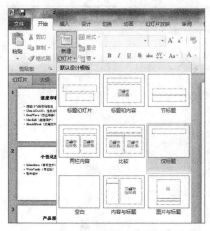

图 4-52　新建幻灯片

图 4-53　输入标题

②　单击"插入"|"文本"|"艺术字"下拉按钮，选择样式为"填充-蓝色，强调文字颜色 2，暖色粗糙棱台"，如图 4-54 所示。在文本框中输入"Maxtor Storage for the world"，如图 4-55 所示。

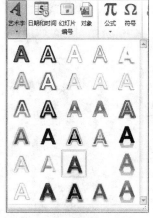

图 4-54　选择艺术字

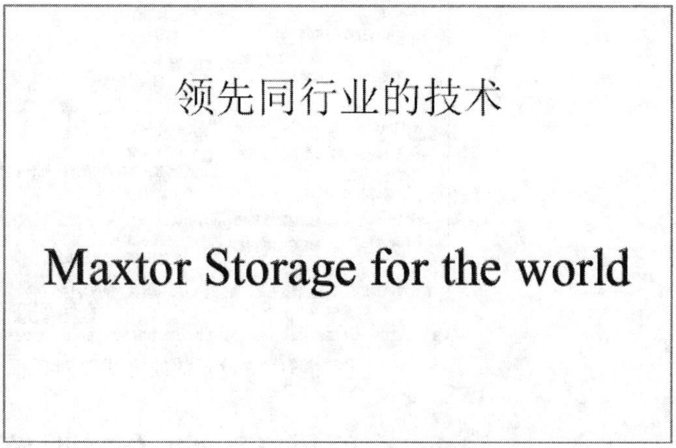

领先同行业的技术

Maxtor Storage for the world

图 4-55　输入副标题

③　选中艺术字文本框，右击后在弹出的快捷菜单中选择"大小和位置"选项，弹出"设置形状格式"对话框，选择"位置"选项并设置位置为"水平：3.6厘米，自：左上角；垂直：10.7 厘米，自：左上角"，单击"关闭"按钮，如图 4-56 所示。

④　选中艺术字，单击"绘图工具-格式"|"艺术字样式"|"文本效果"下拉按钮，选择"转换"|"跟随路径"|"上弯弧"，如图 4-57 所示。在"大小"组中设置"形状宽度"为"18 厘米"，如图 4-58 所示。

⑤　按住鼠标左键，拖动第四张幻灯片到第一张幻灯片之前即可。选中第五张幻灯片，右击后在弹出的快捷菜单中选择"删除幻灯片"命令，如图 4-59所示。

图 4-56　"设置形状格式"对话框

图 4-57 设置艺术字效果

图 4-58 设置艺术字宽度

⑥ 选中最后一张幻灯片，单击"开始"|"幻灯片"|"版式"下拉按钮，选择"垂直排列标题与文本"选项，如图 4-60 所示。

图 4-59 删除幻灯片命令

图 4-60 更换版式

⑦ 单击第二张幻灯片的文本区域，选择"动画"|"动画"|"飞入"选项，如图 4-61 所示，单击"效果选项"下拉按钮，选择"自右侧"选项，如图 4-62 所示。

图 4-61 设置文本动画效果

第（2）项操作步骤：

① 选中第一张幻灯片，选中"设计"|"背景"|"隐藏背景图形"复选框，如图 4-63 所示。单击"背景样式"下拉按钮，选择"设置背景格式"选项，在弹出的"设置背景格式"对话框的"填充"选项卡下，选中"图片或纹理填充"单选按钮，单击"纹理"下拉按钮，选择"水滴"选项，单击"关闭"按钮，如图 4-64 所示。

② 单击"切换"|"切换到此幻灯片"|"其他"下拉按钮，选择"华丽型"|"棋盘"选项，如图 4-65 所示。单击"效果选项"下拉按钮，选择"自顶部"选项，如图 4-66 所示。单击"切换"|"计时"|"全部应用"按钮，如图 4-67 所示。

③ 单击"幻灯片放映"|"设置"|"设置幻灯片放映"按钮，如图 4-68 所示。在弹出的"设置放映方式"对话框中选中"放映类型"选项区域的"观众自行浏览（窗口）"单选按钮，单击"确定"按钮，如图 4-69 所示。

图 4-62　设置动画效果选项

图 4-63　选中"隐藏背景图形"复选框

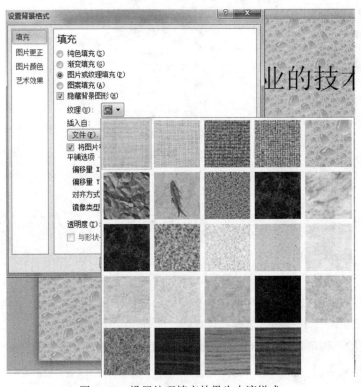

图 4-64　设置纹理填充效果为水滴样式

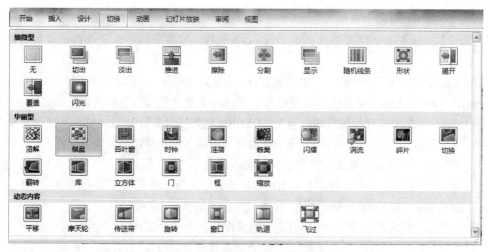

图 4-65　设置幻灯片切换效果

图 4-66　设置幻灯片效果选项

图 4-67　设置全部应用

图 4-68　设置幻灯片放映

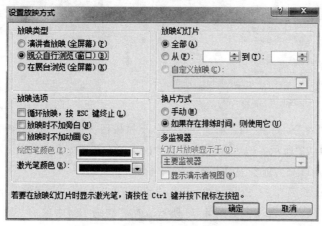

图 4-69　"设置放映方式"对话框

④ 保存并关闭文件。

【任务2】打开考生文件夹下的演示文稿 yswg.pptx，按照下列要求完成对此文稿的修饰并保存。

（1）在幻灯片的标题区中输入"中国的 DXF100 地效飞机"，文字设置为黑体、加粗、54 磅，红色（RGB 模式：红色 255，绿色 0，蓝色 0）。插入一张版式为"标题和内容"的幻灯片，作为第二张幻灯片。第二张幻灯片的标题内容为"DXF100 主要技术参数"，文本内容为"可载乘客 15人，装有两台 300 马力航空发动机。"第一张幻灯片中的飞机图片动画设置为"进入-飞入"，效果选项为"自右侧"。在第二张幻灯片前插入一张版式为"空白"的幻灯片，并在水平：5.3 厘米，自：左上角，垂直：8.2 厘米，自：左上角的位置插入样式为"填充-蓝色，强调文字颜色 2，粗糙棱台"的艺术字"DXF100 地效飞机"，文本效果为"转换-弯曲-倒 V 形"。

（2）第二张幻灯片的"背景格式-填充"的预设颜色为"雨后初晴"，类型为"射线"，并移动该幻灯片作为第一张幻灯片。全部幻灯片切换方案设置为"时钟"，效果选项为"逆时针"。放映方式为"观众自行浏览（窗口）"。

第（1）项操作步骤：

① 打开考生文件夹下演示文稿 yswg.pptx，在幻灯片的标题区中输入"中国的 DXF100 地效飞机"，选中文字"中国的 DXF100 地效飞机"，单击"开始"|"字体"的下三角对话框启动器，弹出"字体"对话框。单击"字体"选项卡，在"中文字体"中选择"黑体"选项，在"西文字体"中选择"(使用中文字体)"选项，在"大小"中输入"54"，在"字体样式"中选择"加粗"选项，在"字体颜色"中选择"其他颜色"选项，如图 4-70 所示。弹出"颜色"对话框，单击"自定义"选项卡，在"红色"中输入"255"，在"绿色"中输入"0"，在蓝色中输入"0"，单击"确定"按钮，再单击"确定"按钮，如图 4-71 所示。

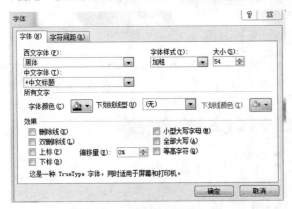

图 4-70 "字体"对话框

图 4-71 自定义颜色

② 单击"开始"|"幻灯片"|"新建幻灯片"下拉按钮，选择"标题和内容"选项，作为第二张幻灯片，如图 4-72 所示。输入标题内容为"DXF100 主要技术参数"，文本内容为"可载乘客 15 人，装有两台 300 马力航空发动机。"

③ 选中第一张幻灯片中的飞机图片，单击"动画"|"动画"|"其他"下拉按钮，在展开的效果样式库中选择"飞入"选项，如图 4-73 所示。在"动画"组中单击"效果选项"下拉按钮，选择"自右侧"选项，如图 4-74 所示。

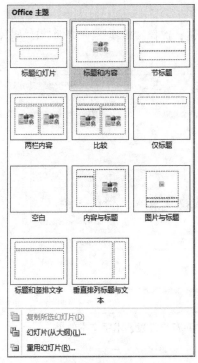

图 4-72　新建幻灯片版式

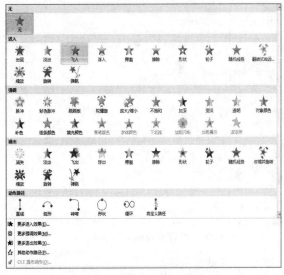

图 4-73　设置动画效果

④ 单击第一张和第二张幻灯片之间的区域，单击"开始"|"幻灯片"|"新建幻灯片"下拉按钮，选择"空白"选项。单击"插入"|"文本"|"艺术字"下拉按钮，选择样式为"填充–蓝色，强调文字颜色 2，粗糙棱台"，在文本框中输入"DXF 100 地效飞机"，如图 4-75 所示。

图 4-74　设置效果选项

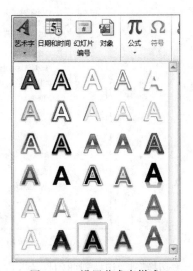

图 4-75　设置艺术字样式

⑤ 选中艺术字文本框，右击，在弹出的快捷菜单中选择"大小和位置"，弹出"设置形状格式"对话框，在"位置"选项卡设置位置为"水平：5.3 厘米，自：左上角，垂直：8.2 厘米，自：

左上角"，单击"关闭"按钮，如图 4-76 所示。

⑥ 单击"格式"|"艺术字样式"|"文本效果"下拉按钮，选择"转换"|"弯曲"|"倒 v 形"选项，如图 4-77 所示。

图 4-76　设置形状格式对话框

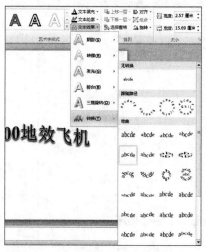

图 4-77　设置艺术字文本效果

第（2）项操作步骤：

① 选中第二张幻灯片，右击，在弹出的快捷菜单中选择"设置背景格式"命令，弹出"设置背景格式"对话框，在"填充"选项卡中选中"渐变填充"单选按钮，单击"预设颜色"下拉按钮，选择"雨后初晴"选项，"类型"为"射线"，单击"关闭"按钮，如图 4-78 所示。

② 按住鼠标左键，拖动第二张幻灯片到第一张幻灯片前。

图 4-78　"设置背景格式"对话框

③ 单击"切换"|"切换到此幻灯片"|"其他"下拉按钮，选择"华丽型"|"时钟"选项，如图 4-79 所示。单击"效果选项"下拉按钮，选择"逆时针"选项，如图 4-80 所示。单击"切换"|"计时"|"全部应用"按钮，如图 4-81 所示。

图 4-79　设置幻灯片切换效果

图 4-80　设置幻灯片效果选项

图 4-81　设置全部应用

④ 单击"幻灯片放映"|"设置"|"设置幻灯片放映"按钮，弹出"设置放映方式"对话框，在"放映类型"选项区域选中"观众自行浏览(窗口)"单选按钮，单击"确定"按钮，如图 4-82 所示。

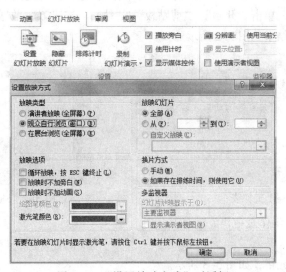

图 4-82　"设置放映方式"对话框

⑤ 保存并关闭文件。

实训 5　Excel 基本应用实训

项目 1　工作表的编辑和设置

工作表的编辑和设置主要是实现工作表的重命名，数据的移动、复制、查找和填充。

【任务 1】将 Sheet 1 工作表重命名为"浮动额情况表"。

重命名工作表的两种方法：

方法一：双击需要重命名的 Sheet1 工作表标签，使之处于选中状态，输入新的工作表名"浮动额情况表"，然后按【Enter】键确认。

方法二：右击需要重命名的 Sheet1 工作表标签，在弹出的快捷菜单中选择"重命名"命令，输入新的工作表名"浮动额情况表"，然后按【Enter】键确认。

【任务 2】将 Sheet1 工作表（见图 5-1）A1:E4 单元格的数据复制到 Sheet2 工作表中。

操作步骤：

（1）选取要复制的数据区域 A1:E4。

（2）单击"开始"|"剪贴板"|"复制"按钮 。

（3）单击工作表标签 Sheet2，即切换到 Sheet2 工作表。选择存放数据的起始位置（起始单元格），即单击 A1 单元格，单击"开始"|"剪贴板"|"粘贴"按钮 ，数据即从 Sheet1 工作表复制到 Sheet2 工作表中，结果如图 5-2 所示。

图 5-1　Sheet1 工作表　　　　　　　　　　图 5-2　Sheet2 工作表

【任务 3】在 Sheet1 工作表中智能填充工号列。

操作步骤：

（1）选中 A3:A4 单元格，如图 5-3 所示。

（2）鼠标指针移动至所选区域右下角，变成十字光标时，拖动填充柄快速填充，如图 5-4 所示。

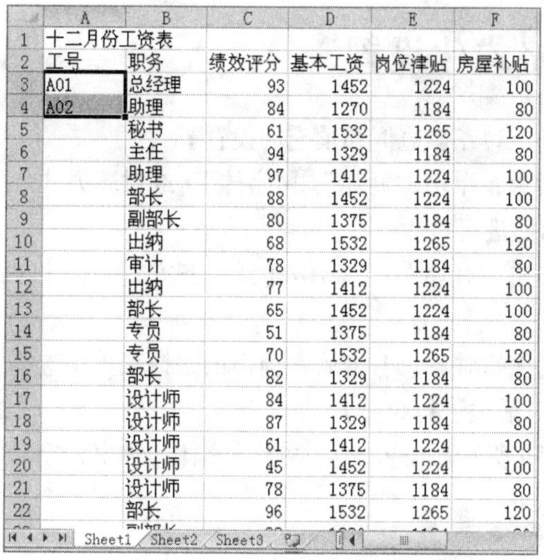

	A	B	C	D	E	F
1	十二月份工资表					
2	工号	职务	绩效评分	基本工资	岗位津贴	房屋补贴
3	A01	总经理	93	1452	1224	100
4	A02	助理	84	1270	1184	80
5		秘书	61	1532	1265	120
6		主任	94	1329	1184	80
7		助理	97	1412	1224	100
8		部长	88	1452	1224	100
9		副部长	80	1375	1184	80
10		出纳	68	1532	1265	120
11		审计	78	1329	1184	80
12		出纳	77	1412	1224	100
13		部长	65	1452	1224	100
14		专员	51	1375	1184	80
15		专员	70	1532	1265	120
16		部长	82	1329	1184	80
17		设计师	84	1412	1224	100
18		设计师	87	1329	1184	80
19		设计师	61	1412	1224	100
20		设计师	45	1452	1224	100
21		设计师	78	1375	1184	80
22		部长	96	1532	1265	120

图 5-3 Sheet1 工作表

	A	B	C	D	E	F
1	十二月份工资表					
2	工号	职务	绩效评分	基本工资	岗位津贴	房屋补贴
3	A01	总经理	93	1452	1224	100
4	A02	助理	84	1270	1184	80
5	A03	秘书	61	1532	1265	120
6	A04	主任	94	1329	1184	80
7	A05	助理	97	1412	1224	100
8	A06	部长	88	1452	1224	100
9	A07	副部长	80	1375	1184	80
10	A08	出纳	68	1532	1265	120
11	A09	审计	78	1329	1184	80
12	A10	出纳	77	1412	1224	100
13	A11	部长	65	1452	1224	100
14	A12	专员	51	1375	1184	80
15	A13	专员	70	1532	1265	120
16	A14	部长	82	1329	1184	80
17	A15	设计师	84	1412	1224	100
18	A16	设计师	87	1329	1184	80
19	A17	设计师	61	1412	1224	100
20	A18	设计师	45	1452	1224	100
21	A19	设计师	78	1375	1184	80
22	A20	部长	96	1532	1265	120

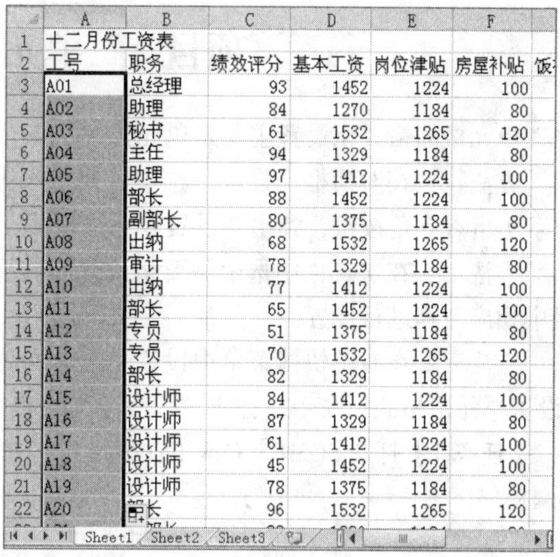

图 5-4 填充结果

【任务 4】打开 SOME7.XLS 工作簿文件，如图 5-5 所示。按行查找第一个姓为“杨”的单元格，并将其单元格内容清除。

操作步骤：

（1）单击“开始”|“编辑”|“查找和选择”按钮，弹出“查找和替换”对话框。在“查找内容”组合框中输入“杨”，如图 5-6 所示。

	A	B	C	D	E
1	科室	姓名	性别	学历	
2	办公室	黄京浩	男	本科	
3	办公室	杨厚深	男	大专函授	
4	财务科	谢风云	女	本科	
5	财务科	杨飞	男	中专	
6	办公室	黄星	女	中专	
7					
8					

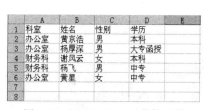

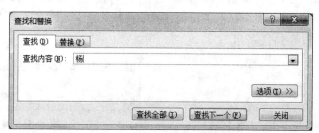

图 5-5 SOME7.XLS 工作簿文件

图 5-6 “查找和替换”对话框 1

（2）单击 选项(T) >> 按钮，在“搜索”下拉列表框中选择“按行”选项，单击 查找下一个(F) 按钮，如图 5-7 所示。

（3）光标定位在第一个姓为“杨”的单元格，单击“开始”|“编辑”|“清除”按钮，在弹出的菜单中选择“清除内容”命令即可，结果如图 5-8 所示。

图 5-7 “查找和替换”对话框 2

	A	B	C	D	E
1	科室	姓名	性别	学历	
2	办公室	黄京浩	男	本科	
3	办公室		男	大专函授	
4	财务科	谢风云	女	本科	
5	财务科	杨飞	男	中专	
6	办公室	黄星	女	中专	
7					
8					

图 5-8 查找并清除

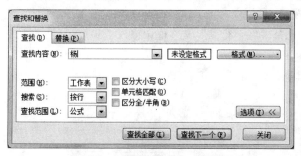

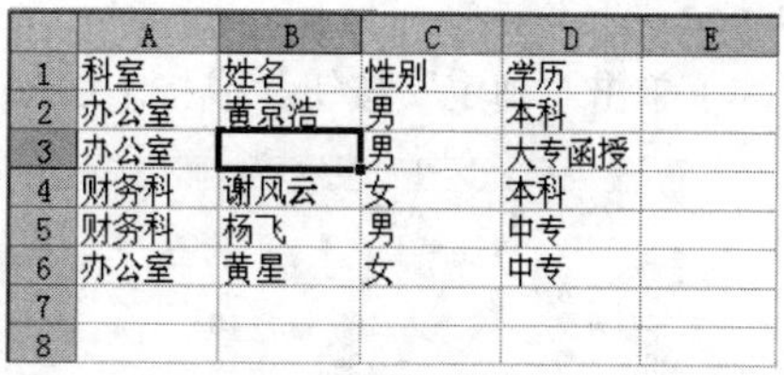

项目 2　单元格格式化设置

单元格的格式化设置主要是单元格中字体、数字、对齐、边框和填充的设置。

方法一：在对话框中设置：选中需要格式化的对象，单击"开始"|"字体"（或对齐方式、数字）组右下角按钮，弹出"设置单元格格式"对话框进行设置。

方法二：在工具栏中选中需要格式化的对象，单击"开始"|"字体"（或对齐方式、数字）组中相应工具进行设置。

方法三：在右键快捷菜单中设置。选中需要格式化的对象，右击后在弹出的快捷菜单中选择"设置单元格格式"命令，弹出"设置单元格格式"对话框进行设置。

【任务 1】打开 SOME5.XLS 工作簿文件，如图 5-9 所示。设置 E 列数据的字体为隶书，字号为 18。

	A	B	C	D	E	F	G
1		10	20	30	40	50	60
2		20	20	20	20	20	20
3							
4							
5							
6							

图 5-9　SOME5.XLS 工作簿文件

操作步骤：

（1）选取 E 列数据。

（2）在"开始"|"字体"组中进行设置，如图 5-10 所示。

（3）在"字体"下拉列表框中选择"隶书"选项，在"字号"组合框中输入"18"即可，结果如图 5-11 所示。

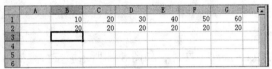

	A	B	C	D	E	F	G	H	I
1		10	20	30	40	50	60	70	
2		20	20	20	20	20	20	20	
3									

图 5-10　"字体"设置　　　　图 5-11　单元格字体格式设置

【任务 2】打开 WEEK5.XLS 工作簿文件，如图 5-12 所示。将"天津"所在行的行高调整为 30，并将该行字形设置为加粗，字体颜色设置为蓝色。设置 C 列数据水平对齐方式为填充，垂直对齐方式为靠上。

操作步骤：

（1）单击第 4 行行号。

（2）单击"开始"|"单元格"|"格式"按钮。

（3）选择"行高"命令，弹出"行高"对话框，在"行高"文本框中输入"30"，如图 5-13 所示。

（4）单击"确定"按钮，或按【Enter】键确认。

	A	B	C	D	E
1	X级Y球联赛积分榜				
2	球队	上半年	下半年		
3	北京	20	21		
4	天津	18	19		
5	上海	19	17		
6	重庆	17	17		
7					

图 5-12　WEEK5.XLS 工作簿文件

图 5-13　"行高"对话框

（5）单击"开始"|"字体"组右下角的 ⌐ 按钮，弹出"设置单元格格式"对话框，选择"字体"选项卡，设置字形、字体颜色，如图 5-14 所示。单击"确定"按钮。

（6）选择 C 列数据区域。

（7）单击"开始"|"字体"组右下角的 ⌐ 按钮，弹出"设置单元格格式"对话框，选择"对齐"选项卡，如图 5-15 所示，在"水平对齐"下拉列表框中选择"填充"选项，在"垂直对齐"下拉列表框中选择"靠上"选项，单击"确定"按钮。

图 5-14　"字体"选项卡

图 5-15　"对齐"选项卡

【任务 3】打开 SOME6.XLS 工作簿文件，如图 5-16 所示。将 F3:F5 区域中的数据小数位增加至两位。

操作步骤：

（1）选择数据区域 F3:F5。

（2）单击"开始"|"数字"|"增加小数位数"按钮 ⁺⁰⁰（单击一次，增加一位，如果增加两位，必须单击两次。同理，要减少小数位，只要单击"减少小数位数"按钮 ⁰⁰），结果如图 5-17 所示。

图 5-16　SOME6.XLS 工作簿文件

	A	B	C	D	E	F
1		某企业产品季度销售数量情况表				
2	产品名称	第一季度	第二季度	第三季度	第四季度	季度平均值
3	K-11	256	342	654	487	435
4	C-24	298	434	398	345	369
5	B-81	467	454	487	546	489
6	总计	1021	1230	1539	1378	

图 5-16　SOME6.XLS 工作簿文件

	A	B	C	D	E	F
1		某企业产品季度销售数量情况表				
2	产品名称	第一季度	第二季度	第三季度	第四季度	季度平均值
3	K-11	256	342	654	487	434.75
4	C-24	298	434	398	345	368.75
5	B-81	467	454	487	546	488.50
6	总计	1021	1230	1539	1378	

图 5-17　添加小数位数至两位

【任务 4】打开 EXC.XLS 工作簿文件，如图 5-18 所示。设置"单价"单元格格式为货币，货币符号为￥，小数位数为 2。

操作步骤：

（1）选取数据区域 C3:C6。

（2）单击"开始"|"数字"|"格式"按钮。

（3）在下拉列表中选择"会计专用"选项即可，如图 5-19 所示。其结果如图 5-20 所示。

	A	B	C	D
1	某公司年设备销售情况表			
2	设备名称	数量	单价	销售额
3	微机	36	6580	
4	MP3	89	897	
5	数码相机	45	3560	
6	打印机	53	987	

图 5-18　EXC.XLS 文件

图 5-19　"会计专用"设置

【任务5】如图5-21所示，将工作表Sheet1的A1:D1单元格合并为一个单元格，内容居中。

操作步骤：

（1）选取数据区域A1:D1。

（2）单击"开始"|"对齐方式"|"合并后居中"按钮 ，结果如图5-22所示。

	A	B	C	D
1	某公司年设备销售情况表			
2	设备名称	数量	单价	销售额
3	微机	36	￥6,580.00	
4	MP3	89	￥897.00	
5	数码相机	45	￥3,560.00	
6	打印机	53	￥987.00	

图5-20　设置单元格格式结果

	A	B	C	D
1	某公司年设备销售情况表			
2	设备名称	数量	单价	销售额
3	微机	36	6580	
4	MP3	89	897	
5	数码相机	45	3560	
6	打印机	53	987	
7			总计	

Sheet1 Sheet2 Sheet3

图5-21　工作表Sheet1

	A	B	C	D
1	某公司年设备销售情况表			
2	设备名称	数量	单价	销售额
3	微机	36	6580	
4	MP3	89	897	
5	数码相机	45	3560	
6	打印机	53	987	
7			总计	

Sheet1 Sheet2 Sheet3

图5-22　单元格合并

【任务6】按"浅色3"格式对工作表Sheet1（见图5-23）进行自动格式化。

操作步骤：

（1）选取要格式化的区域A1:D5。

（2）单击"开始"|"样式"|"套用表格格式"按钮，弹出图5-24所示的下拉列表。

	A	B	C	D
1	某校购买乐器情况表			
2	乐器名称	数量	单价	金额
3	电子琴	6	2159.6	
4	手风琴	4	987.6	
5	萨克斯	5	1167.8	

图5-23　工作表Sheet1

图5-24　格式下拉列表

（3）选择"浅色3"格式即可。

【任务7】打开EXCEL.XLS工作簿文件，如图5-25所示。将Sheet1工作表的A2:F6区域的全部框线设置为双线样式，颜色为蓝色。

	A	B	C	D	E	F
1	某地区经济增长指数对比表					
2	年份	二月	三月	四月	五月	六月
3	2003年	89.12	95.45	106.7	119.2	126.4
4	2004年	100	112.27	119.12	121.5	130.02
5	2005年	146.96	165.6	179.08	179.6	190.18
6	平均值	112.03	124.44	134.97	140.10	148.87
7						

图5-25　EXCEL.XLS文件

操作步骤：

（1）选取数据区域 A2:F6。

（2）单击"开始"|"字体"组右下角的 按钮，弹出"设置单元格格式"对话框。

（3）选择"边框"选项卡，如图 5-26 所示。在"样式"列表框中选择"双线"选项，在"颜色"下拉列表框中选择"蓝色"选项，单击"预置"选项区域中的"外边框"和"内部"按钮，然后单击"确定"按钮，其结果如图 5-27 所示。

图 5-26　"边框"选项卡

【任务 8】打开 EXCEL.XLS 工作簿文件，如图 5-28 所示。将 Sheet1 工作表的 A2:E6 区域的底纹颜色设置为红色，底纹图案类型和颜色分别设置为 6.25%灰色和黄色。

	A	B	C	D	E	F
1	某地区经济增长指数对比表					
2	年份	二月	三月	四月	五月	六月
3	2003年	89.12	95.45	106.7	119.2	126.4
4	2004年	100	112.27	119.12	121.5	130.02
5	2005年	146.96	165.6	179.08	179.6	190.18
6	平均值	112.03	124.44	134.97	140.10	148.87
7						

图 5-27　"双线"样式的边框

	A	B	C	D	E	F
1	某车站列车时刻表					
2	车次	到站	开车时间	到站时间	乘车时间	
3	A110	甲地	8:15	12:26		
4	A111	乙地	9:06	11:57		
5	B210	丙地	9:28	15:05		
6	B221	丁地	12:39	19:52		
7						

图 5-28　EXCEL.XLS 文件

操作步骤：

（1）选取数据区域 A2:E6。

（2）单击"开始"|"字体"组右下角的 按钮，弹出"设置单元格格式"对话框。

（3）选择"填充"选项卡，如图 5-29 所示。在"背景色"选项区域中选择"红色"选项，在"图案样式"下拉列表框中选择"6.25%灰色"选项，图案颜色选择"黄色"选项。

（4）单击"确定"按钮，结果如图 5-30 所示。

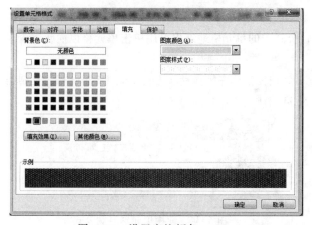

图 5-29　设置底纹颜色

图 5-30　设置底纹图案类型和颜色

【任务 9】如图 5-31 所示，将工作表 Sheet1 中成绩小于 60 分的单元格字体均设为红色。

操作步骤：

（1）选择要设置格式的数据区域 C2:E8。

	A	B	C	D	E	F
1	学号	姓名	语文	数学	英语	
2	99101	杨柳	95	65	80	
3	99102	唐兴	86	97	90	
4	99103	佘国明	74	87	80	
5	99104	王子天	62	50	75	
6	99105	陈红	58	85	84	
7	99106	司马倩	77	80	89	
8	99107	李涛	88	70	45	
9						

图 5-31　工作表 Sheet1

（2）选择"开始"|"样式"|"条件格式"|"突出显示单元格规则"|"小于"命令。

（3）弹出"小于"对话框，输入条件为 60、红色文本，如图 5-32 所示。

图 5-32　设置条件

（4）单击"确定"按钮。

项目 3　公式和计算

公式是可以执行计算、返回信息、操作其他单元格的内容、测试条件等的方程式。

公式始终以等号（=）开头。

除了输入含加、减、乘、除等基本数学运算符号的公式之外，还可以使用 Excel 中功能强大的内置工作表函数库来执行大量操作。

【任务 1】打开 EX20.XLS 工作簿文件，如图 5-33 所示。计算"总计"行的数据。

本任务的计算可以用 3 种方法：

方法一：直接输入公式。

（1）单击需要输入公式的 B6 单元格。

（2）在 B6 单元格输入"=B3+B4+B5"，公式中的单元格地址也可用单击单元格以简化输入。按【Enter】键确认。

（3）将鼠标指针指向 B6 单元格的填充柄，按住鼠标左键拖动至 C6、D6、E6 单元格，复制当前单元格的计算公式至其他单元格，如图 5-34 所示。

	A	B	C	D	E
1	连锁店销售额情况表(单位:万元)				
2	名称	第一季度	第二季度	第三季度	第四季度
3	A连锁店	26.4	72.4	34.5	63.5
4	B连锁店	35.6	23.4	54.5	58.4
5	C连锁店	46.2	54.6	64.7	67.9
6	总计				
7					

图 5-33　EX20.XLS 工作簿文件

	A	B	C	D	E	F
1	连锁店销售额情况表(单位:万元)					
2	名称	第一季度	第二季度	第三季度	第四季度	
3	A连锁店	26.4	72.4	34.5	63.5	
4	B连锁店	35.6	23.4	54.5	58.4	
5	C连锁店	46.2	54.6	64.7	67.9	
6	总计	108.2	150.4	153.7	189.8	
7						

图 5-34　使用填充柄复制公式

> **注　意**
>
> 在 Excel 中，如果连续单元格区域使用相同类型的计算公式，常使用填充柄来实现公式的复制。

　　方法二：利用"自动求和"按钮。

　　（1）单击需要输入公式的 B6 单元格，单击"开始"丨"编辑"丨"自动求和"按钮 **Σ**，数据编辑区中出现"=SUM(B3:B5)"，表示求 B3:B5 各单元格的数据之和，如图 5-35 所示。

　　（2）按【Enter】键确认。

　　（3）将鼠标指针指向 B6 单元格的填充柄，按住鼠标左键拖动至 C6、D6、E6 单元格。

　　方法三：使用函数。

　　（1）单击需要输入公式的 B6 单元格。

　　（2）单击编辑栏上的"插入函数"按钮 **fx**，弹出"插入函数"对话框，此时数据编辑区中出现"="，同时弹出"插入函数"对话框，如图 5-36 所示。

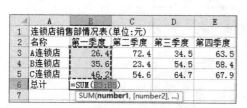

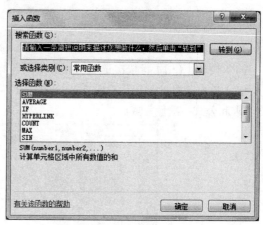

图 5-35　在 B6 单元格求和计算　　　　　图 5-36　"插入函数"对话框

　　（3）在"插入函数"对话框的"或选择类别"下拉列表框中选择"常用函数"选项，在"选择函数"列表框中选择 SUM 函数，单击"确定"按钮，弹出"函数参数"对话框，如图 5-37 所示。

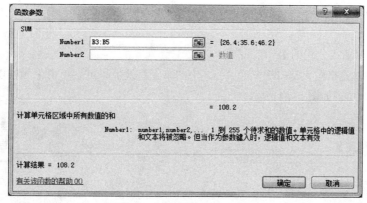

图 5-37　"函数参数"对话框

　　（4）在"函数参数"对话框的 Number1 文本框中输入"B3:B5"，表示 B6 单元格中的公式是 SUM(B3:B5)，即求 B3:B5 各单元格的数据之和。如果数据区域不连续，可在 Number 2 中及以后出现的 Number 3,Number…文本框中直接输入其他参数或用鼠标拖动选取区域，单击"确定"按钮。

（5）将鼠标指针指向 B6 单元格的填充柄，按住鼠标左键拖动至 C6、D6、E6 单元格。

【任务 2】如图 5-38 所示，要求一次性计算工作表 Sheet1 中每个学生的总分及各门课程的总分。

	A	B	C	D	E	F	G	H
1			高三（1）班期末考试成绩表					
2	学号	姓名	语文	数学	英语	物理	总分	
3	99101	杨柳齐	95	65	80	65		
4	99102	钱财德	86	97	90	88		
5	99103	谭半圆	74	87	80	78		
6	99104	余国兴	62	78	75	85		
7	99105	司马倩	58	85	84	84		
8	99106	高雅媚	77	80	89	45		
9	99107	王子天	88	70	65	66		
10	99108	陈海红	55	90	55	90		
11		总分						
12								

图 5-38 工作表 Sheet1

操作步骤：

（1）按住【Ctrl】键依次选取求和的数据区域及存放结果的单元格 C11:F11 及 G3:G10。

（2）单击“自动求和”按钮 Σ，结果如图 5-39 所示，八个学生的总分和四门课程的总分共 12 个求和公式一次性完成。

C11 =SUM(C3:C10)

	A	B	C	D	E	F	G	H
1			高三（1）班期末考试成绩表					
2	学号	姓名	语文	数学	英语	物理	总分	
3	99101	杨柳齐	95	65	80	65	305	
4	99102	钱财德	86	97	90	88	361	
5	99103	谭半圆	74	87	80	78	319	
6	99104	余国兴	62	78	75	85	300	
7	99105	司马倩	58	85	84	84	311	
8	99106	高雅媚	77	80	89	45	291	
9	99107	王子天	88	70	65	66	289	
10	99108	陈海红	55	90	55	90	290	
11		总分	595	652	618	601		
12								

图 5-39 使用“自动求和”按钮完成计算

【任务 3】打开 EX13.XLS 工作簿文件，如图 5-40 所示。计算工作表“销售额”列的数据（销售额=数量×单价）。

操作步骤：

（1）单击需要输入公式的 D3 单元格。

（2）在 D3 单元格输入“=B3*C3”，公式中的单元格地址也可用单击单元格以简化输入。按【Enter】键确认，结果如图 5-41 所示。

	A	B	C	D
1	某公司年设备销售情况表			
2	设备名称	数量	单价	销售额
3	微机	36	6580	=B3*C3
4	MP3	89	897	
5	数码相机	45	3560	
6	打印机	53	987	
7			总计	

Sheet1 Sheet2 Sheet3

图 5-40 EX13.XLS 工作簿文件

	A	B	C	D
1	某公司年设备销售情况表			
2	设备名称	数量	单价	销售额
3	微机	36	6580	236880
4	MP3	89	897	
5	数码相机	45	3560	
6	打印机	53	987	
7			总计	

Sheet1 Sheet2 Sheet3

图 5-41 在 D3 单元格输入公式

（3）将鼠标指针指向 D3 单元格的填充柄，按住鼠标左键拖动至 D4、D5 单元格。

【任务 4】打开 EX26.XLS 工作簿文件，如图 5-42 所示。计算“维修件数”列的“总计”数据及"所占比例"列的数据（所占比例=维修件数/总计）。

操作步骤：

（1）单击需要输入公式的 B6 单元格，单击"自动求和"按钮 **Σ**，如图 5-43 所示。数据编辑区中出现"=SUM(B3:B5)"，表示 B6 单元格中的公式是"SUM(B3:B5)"，即求 B3:B5 单元格的数据之和。

	A	B	C	D
1	企业产品售后服务情况表			
2	产品名称	维修件数	所占比例	
3	电话机	160		
4	电子台历	190		
5	录音机	310		
6	总计			
7				

图 5-42　EX26.XLS 工作簿文件

图 5-43　自动求和

（2）按【Enter】键。

（3）单击需要输入公式的 C3 单元格。

（4）在 C3 单元格输入"=B3/$B$6"，公式中的单元格地址也可用单击单元格以简化输入，按【Enter】键确认，如图 5-44 所示。

（5）将鼠标指针指向 C3 单元格的填充柄，按住鼠标左键拖动至 C4、C5 单元格，结果如图 5-45 所示。

C3		fx	=B3/$B$6	
	A	B	C	D
1	企业产品售后服务情况表			
2	产品名称	维修件数	所占比例	
3	电话机	160	0.242424	
4	电子台历	190		
5	录音机	310		
6	总计	660		
7				

图 5-44　C3 单元格计算结果

C5		fx	=B5/$B$6	
	A	B	C	D
1	企业产品售后服务情况表			
2	产品名称	维修件数	所占比例	
3	电话机	160	0.242424	
4	电子台历	190	0.287879	
5	录音机	310	0.469697	
6	总计	660		
7				

图 5-45　公式复制结果

— 注　意 —

B6 单元格的地址引用为绝对引用（地址不变）。

【任务 5】打开 EX33.XLS 工作簿文件，如图 5-46 所示，计算"季度平均值"列的数据。

操作步骤：

（1）单击需要输入公式的 F3 单元格。

（2）单击编辑栏上"插入函数"按钮 **fx**，弹出"插入函数"对话框，如图 5-47 所示。

	A	B	C	D	E	F
1	某企业产品季度销售数量情况表					
2	产品名称	第一季度	第二季度	第三季度	第四季度	季度平均值
3	T-11	256	342	654	487	
4	H-87	298	434	398	345	
5	F-34	467	454	487	546	
6						

图 5-46　EX33.XLS 工作簿文件

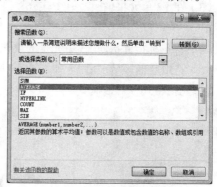

图 5-47　"插入函数"对话框

（3）在"插入函数"对话框的"选择函数"列表框中选择 AVERAGE 函数，单击"确定"按钮，弹出"函数参数"对话框，如图 5-48 所示。

图 5-48　"函数参数"对话框

（4）在"函数参数"对话框的 Number1 文本框中输入"B3:E3"，表示 B6 单元格中的公式是"=AVERAGE(B3:E3)"，即求 B3:E3 单元格的数据平均值。

（5）单击"确定"按钮。

（6）将鼠标指针指向 F3 单元格的填充柄，按住鼠标左键拖动至 F4、F5 单元格，结果如图 5-49 所示。

	F5	▼	*fx*	=AVERAGE(B5:E5)	
	A	B	C	D	E	F
1	某企业产品季度销售数量情况表					
2	产品名称	第一季度	第二季度	第三季度	第四季度	季度平均值
3	T-11	256	342	654	487	434.75
4	H-87	298	434	398	345	368.75
5	F-34	467	454	487	546	488.5
6						

图 5-49　AVERAGE 函数计算结果

【任务 6】打开 EX14.XLS 工作簿文件，如图 5-50 所示。计算"合计"行及"所占百分比"列数据（所占百分比=总计/合计），"所占百分比"单元格格式为"百分比"型（小数点后位数为 2）。

操作步骤：

（1）单击需要输入公式的 E6 单元格，单击"自动求和"按钮，编辑栏中出现"=SUM(E3:E5)"，按【Enter】键。

（2）单击需要输入公式的 F3 单元格。

（3）在 F3 单元格输入"=E3/$E$6"（E6 单元格的地址引用为绝对地址引用）。按【Enter】键确认。

（4）将鼠标指针指向 F3 单元格的填充柄，按住鼠标左键拖动至 F4、F5 单元格。

（5）选取数据区域 F3:F5，如图 5-51 所示。单击"开始"|"数字"组右下角的 按钮，弹出"设置单元格格式"对话框。

	A	B	C	D	E	F
1	某公园植树情况统计表					
2	树种	2002年	2003年	2004年	总计	所占百分比
3	杨树	125	150	165	440	
4	油松	90	108	85	283	
5	银杏	85	90	75	250	
6	合计					

图 5-50　EX14.XLS 工作簿文件

	A	B	C	D	E	F
1	某公园植树情况统计表					
2	树种	2002年	2003年	2004年	总计	所占百分比
3	杨树	125	150	165	440	0.452209661
4	油松	90	108	85	283	0.290853032
5	银杏	85	90	75	250	0.256937307
6	合计				973	

图 5-51　在 F3 单元格输入公式

（6）选择"数字"选项卡，在"分类"列表框中选择"百分比"选项，在"小数位数"微调框中输入"2"，如图 5-52 所示。单击"确定"按钮，结果如图 5-53 所示。

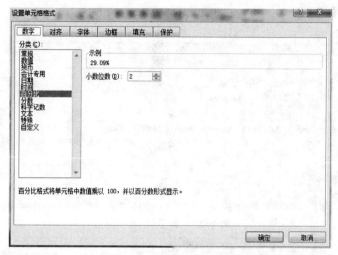

图 5-52　"数字"选项卡

	A	B	C	D	E	F
1	某公园植树情况统计表					
2	树种	2002年	2003年	2004年	总计	所占百分比
3	杨树	125	150	165	440	45.22%
4	油松	90	108	85	283	29.09%
5	银杏	85	90	75	250	25.69%
6	合计				973	

图 5-53　公式计算结果

【任务 7】打开工作表 Sheet1，如图 5-54 所示。根据平均分对学生成绩做出评价，平均分≥90 为"优秀"；平均分≥80 且平均分<90 为"良"；平均分≥60 且平均分<80 为"中"；平均分<60 为"差"。要求使用 IF 函数。

	A	B	C	D	E	F	G	H
1	学生成绩表							
2	学号	姓名	语文	数学	英语	总分	平均分	评价
3	99101	杨柳	95	65	80	240	80.00	
4	99102	唐兴	86	97	90	273	91.00	
5	99103	余国明	74	87	80	241	80.33	
6	99104	王子天	62	78	75	215	71.67	
7	99105	陈红	58	85	84	227	75.67	
8	99106	司马倩	77	80	89	246	82.00	
9	99107	李涛	88	70	65	223	74.33	

图 5-54　工作表 Sheet1

操作步骤：

（1）选取存放评价内容的单元格 H3，单击编辑栏上的"插入函数"按钮 f_x，弹出"插入函数"对话框，在"选择函数"列表框中选择 IF 函数，单击"确定"按钮，弹出"函数参数"对话框。

（2）在"函数参数"对话框的 Logical_test 文本框中输入"G3>=90"；在 Value_if_true 文本框中输入""优""，如图 5-55 所示。在 Value_if_false 文本框中定位，然后单击编辑栏左侧的 IF 函数按钮。

（3）在弹出的"函数参数"对话框中的 Logical_test 文本框中输入"G3>=80"；在 Value_if_true 文本框中输入""良""，如图 5-56 所示。在 Value_if_false 文本框中定位，然后单击编辑栏左侧的 IF ▼ 函数按钮。

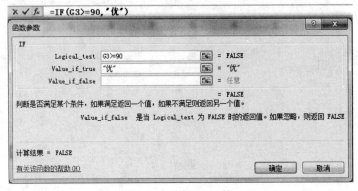

图 5-55 编辑 IF 函数 1

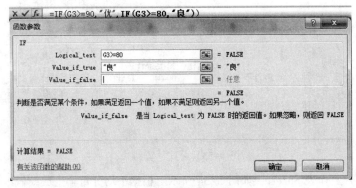

图 5-56 编辑 IF 函数 2

（4）在弹出的"函数参数"对话框中的 Logical_test 文本框中输入"G3>=60"；在 Value_if_true 文本框中输入""中""，在 Value_if_false 文本框中输入""差""，如图 5-57 所示。

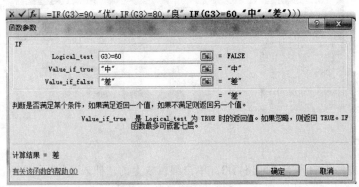

图 5-57 编辑 IF 函数 3

（5）单击"确定"按钮，则 H3 单元格显示为"良"。此时编辑栏显示"=IF(G3>=90,"优",IF(G3>=80, "良",IF(G3>=60, "中","差")))"。

（6）将鼠标指针指向 H3 单元格的填充柄，按住鼠标左键拖动至 H9 单元格，结果如图 5-58 所示。

H9	▼	fx	=IF(G9)=90,"优",IF(G9)=80,"良",IF(G9)=60,"中","差")))					

	A	B	C	D	E	F	G	H	I
1					学生成绩表				
2	学号	姓名	语文	数学	英语	总分	平均分	评价	
3	99101	杨柳	95	65	80	240	80.00	良	
4	99102	唐兴	86	97	90	273	91.00	优	
5	99103	余国明	74	87	80	241	80.33	良	
6	99104	王子天	62	51	60	173	57.67	差	
7	99105	陈红	58	85	84	227	75.67	中	
8	99106	司马情	77	80	89	246	82.00	良	
9	99107	李涛	88	70	65	223	74.33	中	

图 5-58　使用 IF 函数计算结果

> **注　意**
>
> 本任务也可在单元格 H3 中直接输入 "=IF(G3>=90,"优",IF(G3>=80,"良",IF(G3>=60,"中","差")))" 后，按【Enter】键确认，然后将鼠标指针指向 H3 单元格的填充柄，用鼠标左键拖动至 H9 单元格即可。

【任务 8】打开工作表 Sheet1，如图 5-59 所示。利用 SUM 函数计算出从 1997—1999 年每年的投资总额，在 D7 单元格利用 MAX 函数求出 1999 年这 3 个国家的最大投资额的数值。

操作步骤：

（1）单击需要输入公式的 B5 单元格，单击"自动求和"按钮 Σ，数据编辑区中出现 "=SUM(B2:B4)"。

（2）按【Enter】键确认。

（3）将鼠标指针指向 B5 单元格的填充柄，按住鼠标左键拖动至 C5、D5 单元格，结果如图 5-60 所示。

	A	B	C	D	E
1	国家	1997年投资额	1998年投资额	1999年投资额	
2	美国	200	195	261	
3	韩国	120	264	195	
4	中国	530	350	610	
5	合计				

图 5-59　工作表 Sheet1

B5	▼	fx	=SUM(B2:B4)		

	A	B	C	D	E
1	国家	1997年投资额	1998年投资额	1999年投资额	
2	美国	200	195	261	
3	韩国	120	264	195	
4	中国	530	350	610	
5	合计	850	809	1066	
6					

图 5-60　使用填充柄复制公式

（4）单击需要输入公式的 D7 单元格。

（5）单击编辑栏上的"插入函数"按钮 fx，在弹出的"插入函数"对话框的"选择函数"列表框中选择 MAX 函数，单击"确定"按钮，弹出"函数参数"对话框。

（6）在"函数参数"对话框的 Number1 文本框中输入"D2:D4"，表示 B6 单元格中的公式是 "=MAX(D2:D4)"，即求 D2:D4 各单元格的数据最大值，如图 5-61 所示。

（7）单击"确定"按钮，结果如图 5-62 所示。

图 5-61　MAX "函数参数"对话框

D7	▼	fx	=MAX(D2:D4)		

	A	B	C	D
1	国家	1997年投资额	1998年投资额	1999年投资额
2	美国	200	195	261
3	韩国	120	264	195
4	中国	530	350	610
5	合计	850	809	1066
6				
7				610

图 5-62　MAX 函数计算结果

【任务9】打开工作表 Sheet1，如图 5-63 所示。在 B6 单元格中利用 RIGHT 函数取 B5 单元格中字符串右 3 位；利用 INT 函数求出门牌号为 1 的电费的整数值，其结果置于 C6 单元格。

操作步骤：

（1）单击需要输入公式的 B6 单元格。

（2）单击编辑栏上的"插入函数"按钮 fx，在"插入函数"对话框的"选择函数"列表框中选择 RIGHT 函数，如图 5-64 所示。单击"确定"按钮。

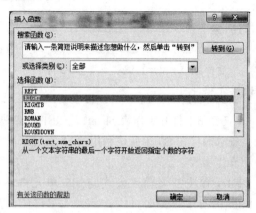

	A	B	C	D	E
1	北京市朝阳区胡同里18楼月费用一览表				
2	门牌号	水费	电费	煤气费	
3	1	71.2	102.1	12.3	
4	2	68.5	175.5	32.5	
5	3	68.4	312.4	45.2	
6					

图 5-63　工作表 Sheet1　　　　　图 5-64　"插入函数"对话框

（3）在"函数参数"对话框的 Text 文本框中输入"B5"，在 Num_chars 文本框中输入"3"，表示 B5 单元格中的字符串从右向左截取 3 位，如图 5-65 所示。

（4）单击"确定"按钮，结果如图 5-66 所示。

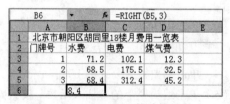

B6		fx	=RIGHT(B5,3)		
	A	B	C	D	E
1	北京市朝阳区胡同里18楼月费用一览表				
2	门牌号	水费	电费	煤气费	
3	1	71.2	102.1	12.3	
4	2	68.5	175.5	32.5	
5	3	68.4	312.4	45.2	
6		8.4			

图 5-65　设置"函数参数"对话框 1　　图 5-66　RIGHT 函数计算结果

（5）单击需要输入公式的 C6 单元格。单击编辑栏上的"插入函数"按钮，在对话框的"选择函数"列表框中选择 INT 函数，单击"确定"按钮。

（6）在"函数参数"对话框的 Number 文本框中输入"C3"，表示将 C3 单元格中的值截取整数部分置于 C6 单元格，如图 5-67 所示。

（7）单击"确定"按钮，结果如图 5-68 所示。

C6		fx	=INT(C3)		
	A	B	C	D	E
1	北京市朝阳区胡同里18楼月费用一览表				
2	门牌号	水费	电费	煤气费	
3	1	71.2	102.1	12.3	
4	2	68.5	175.5	32.5	
5	3	68.4	312.4	45.2	
6		8.4	102		

图 5-67　设置"函数参数"对话框 2　　图 5-68　INT 函数计算结果

【**任务 10**】打开 EXCEL.XLS 工作簿文件，如图 5-69 所示。在 E4 单元格内计算所有学生的平均成绩（保留小数点后一位），在 E5 和 E6 单元格内计算男生人数和女生人数（利用 COUNTIF 函数），在 E7 和 E8 单元格内计算男生平均成绩和女生平均成绩（先利用 SUMIF 函数分别求总成绩，保留小数点后一位）。

操作步骤：

（1）单击需要输入公式的 E4 单元格。

（2）单击编辑栏上的"插入函数"按钮，在弹出的"插入函数"对话框的"选择函数"列表框中选择 AVERAGE 函数，单击"确定"按钮。

（3）在"函数参数"对话框的 Number1 文本框中输入"C3:C22"，单击"确定"按钮，如图 5-70 所示。

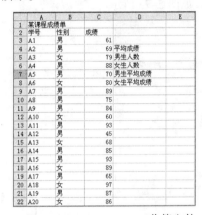

图 5-69　EXCEL.XLS 工作簿文件

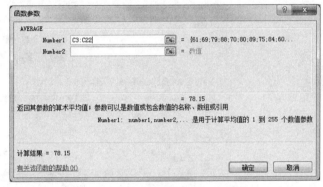

图 5-70　"函数参数"对话框 1

（4）单击"开始"|"数字"组右下角的 按钮，弹出"设置单元格格式"对话框。

（5）选择"数字"选项卡，如图 5-71 所示，在"分类"列表框中选择"数值"选项，在"小数位数"微调框中输入"1"，单击"确定"按钮。

图 5-71　"数字"选项卡

（6）单击需要输入公式的 E5 单元格。单击编辑栏上的"插入函数" 按钮，在弹出的"插入函数"对话框的"选择函数"列表框中选择 COUNTIF 函数，单击"确定"按钮。

（7）在"函数参数"对话框的 Range 文本框中输入"B3:B22"，在 Criteria 文本框中输入"B3"，单击"确定"按钮，如图 5-72 所示。

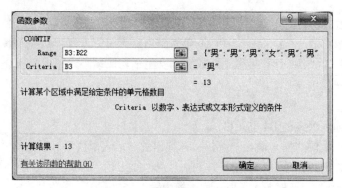

图 5-72 "函数参数"对话框 2

（8）按步骤（6）～（7）所述方法完成 E6 单元格的计算，如图 5-73 所示。

图 5-73 E6 单元格的计算

（9）单击需要输入公式的 E7 单元格，单击编辑栏上的"插入函数"按钮，在弹出的"插入函数"对话框的"选择函数"列表框中选择 SUMIF 函数，单击"确定"按钮。在"函数参数"对话框的 Range 文本框中输入"B3:B22"，在 Criteria 文本框中输入"B3"，在 Sum_range 文本框中输入"C3:C22"，单击"确定"按钮，如图 5-74 所示。

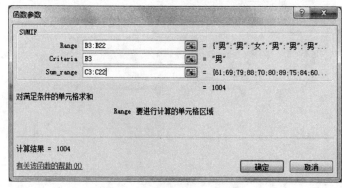

图 5-74 "函数参数"对话框 3

（10）E7 单元格编辑栏中出现"=SUMIF(B3:B22,B3,C3:C22)"，在公式后输入"/E5"，构成"=SUMIF(B3:B22,B3,C3:C22)/E5"计算公式，单击"确定"按钮。

（11）按步骤（9）～（10）所述方法完成 E8 单元格的计算，如图 5-75 所示。

（12）选择 E7 和 E8 单元格，单击"开始"|"数字"组右下角的 按钮，弹出"设置单元格

格式"对话框。选择"数字"选项卡，在"分类"列表框中选择"数字"选项，在"小数位数"微调框中输入"1"，单击"确定"按钮。

【任务 11】打开考生文件夹中的 EXCEL.XLS 工作簿文件，如图 5-76 所示。如果该学生身高在 160 厘米及以上，在"备注"列给出"继续锻炼"信息，如果该学生身高在 160 厘米以下，则给出"加强锻炼"信息（利用 IF 函数完成）。

	A	B	C	D
1	某校初三学生的身高统计表			
2	学号	性别	身高	备注
3	C1	男	168.00	
4	C2	女	153.00	
5	C3	女	158.00	
6	C4	男	176.00	
7	C5	男	174.00	
8	C6	女	154.00	
9	C7	男	169.00	
10	C8	女	164.00	
11	C9	男	177.00	
12	C10	男	173.00	
13	C11	女	168.00	
14	C12	女	158.00	
15	C13	男	175.00	
16	C14	男	169.00	
17	C15	男	175.00	
18	C16	女	158.00	
19	C17	男	170.00	
20	C18	女	159.00	
21	C19	男	171.00	
22	C20	男	172.00	
23	平均身高			

图 5-76　EXCEL.XLS 工作簿文件

E8 ▼ fx =SUMIF(B3:B22,B5,C3:C22)/E6

	A	B	C	D	E	F
1	某课程成绩单					
2	学号	性别	成绩			
3	A1	男	61			
4	A2	男	69	平均成绩	78.2	
5	A3	女	79	男生人数	13	
6	A4	男	88	女生人数	7	
7	A5	男	70	男生平均成绩	77.23077	
8	A6	女	80	女生平均成绩	79.85714	
9	A7	男	89			

图 5-75　E8 单元格的计算

操作步骤：

（1）选中存放备注内容的单元格 D3，单击编辑栏上的"插入函数"按钮，在弹出的"插入函数"对话框的"选择函数"列表框中选择 IF 函数，单击"确定"按钮。

（2）在"函数参数"对话框中的 Logical_test 文本框中输入"C3>=160"；在 Value_if_true 文本框中输入"继续锻炼"；在 Value_if_false 文本框中输入"加强锻炼"，单击"确定"按钮，如图 5-77 所示。

（3）将鼠标指针指向 D3 单元格的填充柄，按住鼠标左键拖动至 D22 单元格，结果如图 5-78 所示。

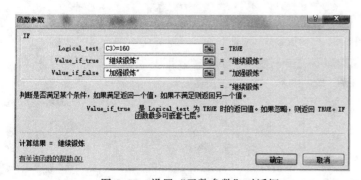

图 5-77　设置"函数参数"对话框

	A	B	C	D
2	学号	性别	身高	备注
3	C1	男	168.00	继续锻炼
4	C2	女	153.00	加强锻炼
5	C3	女	158.00	加强锻炼
6	C4	男	176.00	继续锻炼
7	C5	男	174.00	继续锻炼
8	C6	女	154.00	加强锻炼
9	C7	男	169.00	继续锻炼
10	C8	女	164.00	继续锻炼
11	C9	男	177.00	继续锻炼
12	C10	男	173.00	继续锻炼
13	C11	女	168.00	继续锻炼
14	C12	女	158.00	加强锻炼
15	C13	男	175.00	继续锻炼
16	C14	男	169.00	继续锻炼
17	C15	男	175.00	继续锻炼
18	C16	女	158.00	加强锻炼
19	C17	男	170.00	继续锻炼
20	C18	女	159.00	加强锻炼
21	C19	男	171.00	继续锻炼
22	C20	男	172.00	继续锻炼
23	平均身高		167.05	

图 5-78　计算结果

【任务 12】打开工作表 Sheet1，如图 5-79 所示，计算"总积分"列的内容（金牌获 10 分，银牌获 7 分，铜牌获 3 分），按递减次序计算各队的积分排名（利用 RANK 函数）。

操作步骤：

（1）单击需要输入公式的 E3 单元格。

（2）在 E3 单元格输入"=B3*10+C3*7+D3*3"，按【Enter】键确认。

（3）将鼠标指针指向 E3 单元格的填充柄，按住鼠标左键拖动至 E10 单元格，结果如图 5-80 所示。

	A	B	C	D	E	F
1	某运动会成绩统计表					
2	队名	金牌	银牌	铜牌	总积分	积分排名
3	A队	29	77	69		
4	B队	22	59	78		
5	C队	18	45	78		
6	D队	34	46	62		
7	E队	21	41	53		
8	F队	26	72	60		
9	G队	17	49	45		
10	H队	31	31	35		
11						

图 5-79　工作表 Sheet1

	A	B	C	D	E	F
1	某运动会成绩统计表					
2	队名	金牌	银牌	铜牌	总积分	积分排名
3	A队	29	77	69	1036	
4	B队	22	59	78	867	
5	C队	18	45	78	729	
6	D队	34	46	62	848	
7	E队	21	41	53	656	
8	F队	26	72	60	944	
9	G队	17	49	45	648	
10	H队	31	31	35	632	
11						

图 5-80　计算总积分结果

（4）单击需要输入公式的 F3 单元格。

（5）单击编辑栏上的"插入函数"按钮，在弹出的"插入函数"对话框的"选择函数"列表框中选择 RANK 函数，单击"确定"按钮。

（6）如图 5-81 所示，在"函数参数"对话框的 Number 文本框中输入"E3"（即 A 队的总积分），在 Ref 文本框中输入"$E$3:$E$10"（即所有总积分并绝对引用），在 Order 文本框中输入"0"（即降序），单击"确定"按钮，结果如图 5-82 所示。

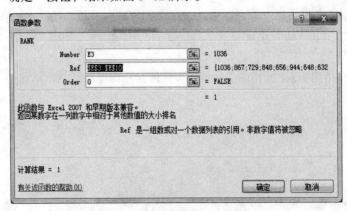

图 5-81　"函数参数"对话框

	A	B	C	D	E	F	G
1	某运动会成绩统计表						
2	队名	金牌	银牌	铜牌	总积分	积分排名	
3	A队	29	77	69	1036	1	
4	B队	22	59	78	867	3	
5	C队	18	45	78	729	5	
6	D队	34	46	62	848	4	
7	E队	21	41	53	656	6	
8	F队	26	72	60	944	2	
9	G队	17	49	45	648	7	
10	H队	31	31	35	632	8	
11							

图 5-82　计算积分排名结果

【任务 13】打开工作表 Sheet1，如图 5-83 所示，计算“调薪后工资”列的内容（调薪后工资=现工资+现工资×调薪系数），计算现工资的普遍工资（利用 MODE 函数）。

操作步骤：

（1）单击需要输入公式的 D3 单元格。

（2）在 D3 单元格输入“=B3+B3*C3”，按【Enter】键确认。

（3）将鼠标指针指向 D3 单元格的填充柄，按住鼠标左键拖动至 D8 单元格，结果如图 5-84 所示。

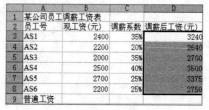

	A	B	C	D
1	某公司员工调薪工资表			
2	员工号	现工资(元)	调薪系数	调薪后工资(元)
3	AS1	2400	35%	=B3+B3*C3
4	AS2	2200	20%	
5	AS3	2000	35%	
6	AS4	2500	40%	
7	AS5	2700	25%	
8	AS6	2200	25%	
9	普遍工资			

图 5-83 工作表 Sheet1

	A	B	C	D
1	某公司员工调薪工资表			
2	员工号	现工资(元)	调薪系数	调薪后工资(元)
3	AS1	2400	35%	3240
4	AS2	2200	20%	2640
5	AS3	2000	35%	2700
6	AS4	2500	40%	3500
7	AS5	2700	25%	3375
8	AS6	2200	25%	2750
9	普遍工资			

图 5-84 计算调薪后工资结果

（4）单击 B9 单元格。

（5）单击编辑栏上的“插入函数”按钮，在弹出的“插入函数”对话框的“选择函数”列表框中选择 MODE 函数，单击“确定”按钮。

（6）在“函数参数”对话框的 Number1 文本框中输入“B3:B8”（即所有现工资），如图 5-85 所示，单击“确定”按钮，结果如图 5-86 所示。

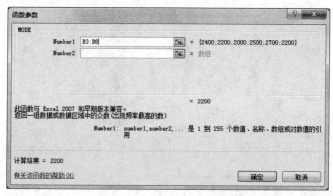

图 5-85 “函数参数”对话框

【任务 14】打开工作表 Sheet1，如图 5-87 所示，如果高等数学、大学英语成绩均大于或等于 75，在备注列内给出信息“有资格”，否则给出信息“无资格”（利用 IF 和 AND 函数实现）。

	A	B	C	D
1	某公司员工调薪工资表			
2	员工号	现工资(元)	调薪系数	调薪后工资(元)
3	AS1	2400	35%	3240
4	AS2	2200	20%	2640
5	AS3	2000	35%	2700
6	AS4	2500	40%	3500
7	AS5	2700	25%	3375
8	AS6	2200	25%	2750
9	普遍工资	2200		

图 5-86 计算普遍工资

	A	B	C	D	E
1	某高校学生考试成绩表				
2	学号	高等数学	大学英语	大学物理	备注
3	T1	89	74	75	
4	T2	77	73	73	
5	T3	92	83	86	
6	T4	67	86	45	
7	T5	87	90	71	
8	T6	71	84	95	
9	T7	70	78	83	
10	T8	79	67	80	
11	T9	84	50	69	
12	T10	55	72	69	

图 5-87 工作表 Sheet1

操作步骤：

（1）单击需要输入公式的 E3 单元格。

（2）单击编辑栏上的“插入函数”按钮 fx，在弹出的“插入函数”对话框的“选择函数”列表框中选择 IF 函数，单击“确定”按钮。

（3）在“函数参数”对话框的 Logical_test 文本框中输入“AND(B3>=75,C3>=75)”；在 Value_if_true 文本框中输入“"有资格"”；在 Value_if_false 文本框中输入“"无资格"”，如图 5-88 所示。单击“确定”按钮，结果如图 5-89 所示。

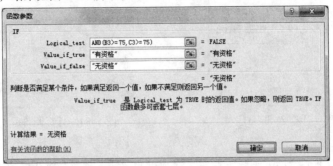

图 5-88 “函数参数”对话框

（4）将鼠标指针指向 E3 单元格的填充柄，按住鼠标左键拖动至 E12 单元格，结果如图 5-90 所示。

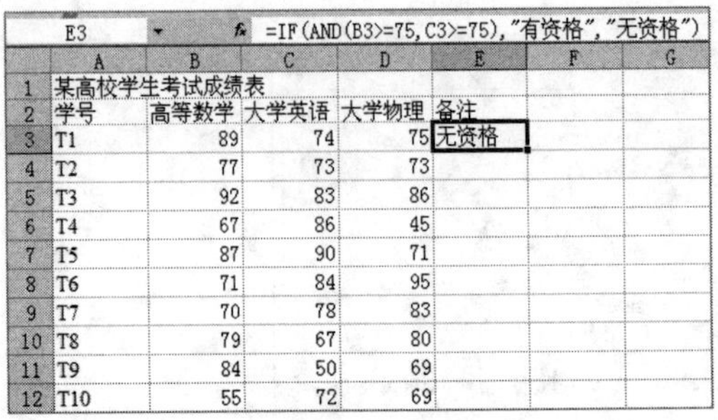

E3 fx =IF(AND(B3>=75,C3>=75),"有资格","无资格")

	A	B	C	D	E	F	G
1	某高校学生考试成绩表						
2	学号	高等数学	大学英语	大学物理	备注		
3	T1	89	74	75	无资格		
4	T2	77	73	73			
5	T3	92	83	86			
6	T4	67	86	45			
7	T5	87	90	71			
8	T6	71	84	95			
9	T7	70	78	83			
10	T8	79	67	80			
11	T9	84	50	69			
12	T10	55	72	69			

图 5-89 E3 单元格资格判断

	A	B	C	D	E
1	某高校学生考试成绩表				
2	学号	高等数学	大学英语	大学物理	备注
3	T1	89	74	75	无资格
4	T2	77	73	73	无资格
5	T3	92	83	86	有资格
6	T4	67	86	45	无资格
7	T5	87	90	71	有资格
8	T6	71	84	95	无资格
9	T7	70	78	83	无资格
10	T8	79	67	80	无资格
11	T9	84	50	69	无资格
12	T10	55	72	69	无资格

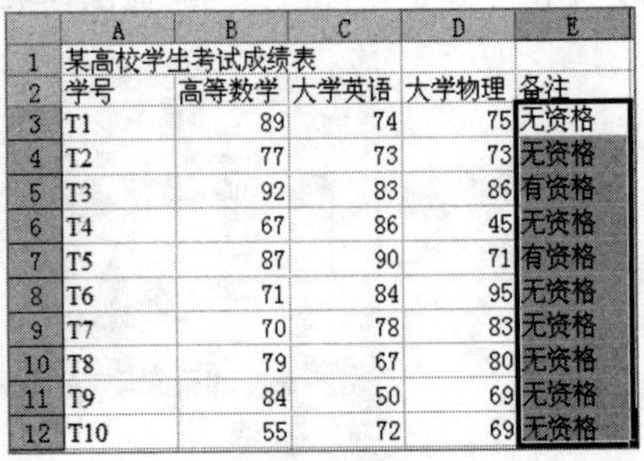

图 5-90 资格判断全部结果

注 意

若条件为高等数学或大学英语成绩大于或等于 75，在备注列内给出信息“有资格”，否则给出信息“无资格”，要用 OR 函数，即 OR(B3>=75,C3>=75)。

项目 4 数 据 排 序

对数据进行排序是数据分析不可缺少的组成部分。

根据需要执行以下操作：将名称列表按字母顺序排列；按从高到低的顺序编制产品存货水平列表，按颜色或图标对行进行排序。对数据进行排序有助于快速、直观地显示数据并更好地理解数据，有助于组织并查找所需数据，有助于最终做出更有效的决策。

【任务】打开 EXA.XLS 工作簿文件，如图 5-91 所示。对工作表“‘计算机动画技术’成绩单”内的数据按主要关键字“成绩”的递减次序和次要关键字“学号”的递增次序进行排序，排序后的工作表还保存在 EXA.XLS 工作簿文件中，工作表名不变。

	A	B	C	D	E
1	系别	学号	姓名	课程名称	成绩
2	信息	991021	李新	多媒体技术	74
3	计算机	992032	王文辉	人工智能	86
4	自动控制	993023	张磊	计算机图形学	65
5	经济	995034	郝心怡	多媒体技术	86
6	信息	991076	王力	计算机图形学	91
7	数学	994056	孙英	多媒体技术	77
8	自动控制	993021	张在旭	计算机图形学	60

图 5-91   EXA.XLS 工作簿文件

操作步骤:

(1) 单击工作表数据区域的任意一个单元格。

(2) 单击"数据"|"排序"按钮,弹出"排序"对话框。

(3) 根据排序的需要,在"主要关键字"下拉列表框中选择"成绩",然后选择"降序"选项,单击"添加条件"按钮,在"次要关键字"下拉列表框中选择"学号",然后选择"升序"选项,如图 5-92 所示。如有设置"第三关键字"的要求,依照以上操作。

图 5-92   "排序"对话框

── 注 意 ──────────────────────────────

如图 5-92 所示,采用默认设置"数据包含标题"(如果选择没有标题行,则表明表中所有内容包括字段名都将排序)。

(4) 单击"确定"按钮,结果如图 5-93 所示。从图 5-93 中可以看到,"王文辉"和"郝心怡"的"成绩"相同,"学号"靠前的"王文辉"排在了前面。

	A	B	C	D	E
1	系别	学号	姓名	课程名称	成绩
2	信息	991076	王力	计算机图形学	91
3	计算机	992032	王文辉	人工智能	86
4	经济	995034	郝心怡	多媒体技术	86
5	数学	994056	孙英	多媒体技术	77
6	信息	991021	李新	多媒体技术	74
7	自动控制	993023	张磊	计算机图形学	65
8	自动控制	993021	张在旭	计算机图形学	60

图 5-93   排序结果

项目 5 自动筛选

通过筛选工作表中的信息,可以快速查找数值。可以筛选一个或多个数据列。不但可以利用筛选功能控制要显示的内容,而且还能控制要排除的内容。既可以基于从列表中做出的选择进行筛选，也可以创建仅用来限定要显示的数据的特定筛选器。

在筛选操作中，可以使用筛选器界面中的"搜索"框来搜索文本和数字。

在筛选数据时，如果一个或多个列中的数值不能满足筛选条件，整行数据都会隐藏起来。可以按数字值或文本值筛选，或按单元格颜色筛选那些设置了背景色或文本颜色的单元格。

【任务 1】打开 EXA.XLS 工作簿文件，如图 5-94 所示。对"'计算机动画技术'成绩单"工作表内的数据清单的内容进行自动筛选，条件为"考试成绩大于或等于 80"。

操作步骤：

（1）单击数据区域中的任意一个单元格，单击"数据"|"筛选"按钮，Excel 会自动分析出数据区域中的字段名（列标题），并在各字段名旁边插入一个下拉按钮，即插入一个"自动筛选"的查询器，如图 5-95 所示。

	A	B	C	D	E	F
1	系别	学号	姓名	考试成绩	实验成绩	总成绩
2	信息	991021	李新	74	16	90
3	计算机	992032	王文辉	87	17	104
4	自动控制	993023	张磊	65	19	84
5	经济	995034	郝心怡	86	17	103
6	信息	991076	王力	91	15	106
7	数学	994056	孙英	77	14	91
8	自动控制	993021	张在旭	60	14	74
9	计算机	992089	金翔	73	18	91
10	计算机	992005	扬海东	90	19	109
11	自动控制	993082	黄立	85	20	105
12	信息	991062	王春晓	78	17	95

图 5-94　EXA.XLS 工作簿文件

	A	B	C	D	E	F
1	系别	学号	姓名	考试成绩	实验成绩	总成绩
2	信息	991021	李新	74	16	90
3	计算机	992032	王文辉	87	17	104
4	自动控制	993023	张磊	65	19	84
5	经济	995034	郝心怡	86	17	103
6	信息	991076	王力	91	15	106
7	数学	994056	孙英	77	14	91
8	自动控制	993021	张在旭	60	14	74
9	计算机	992089	金翔	73	18	91
10	计算机	992005	扬海东	90	19	109
11	自动控制	993082	黄立	85	20	105
12	信息	991062	王春晓	78	17	95

图 5-95　插入"自动筛选"的查询器

（2）单击"考试成绩"列的下拉按钮，显示该列的下拉列表，选择"数字筛选"|"大于或等于"选项，如图 5-96 所示，弹出"自定义自动筛选方式"对话框。

图 5-96　"自动筛选"设置

（3）在"自定义自动筛选方式"对话框中，第一个下拉列表框中已选择"大于或等于"选项，在右侧的组合框中输入"80"，如图 5-97 所示。

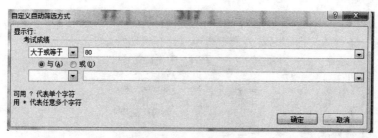

图 5-97　输入筛选条件

（4）单击"确定"按钮，筛选结果如图 5-98 所示。

【任务 2】打开 EXC.XLS 工作簿文件，如图 5-99 所示。对工作表"选修课程成绩单"内的数据清单的内容进行自动筛选，条件为"系别为自动控制"。

	A	B	C	D	E	F
1	系别	学号	姓名	考试成绩	实验成绩	总成绩
3	计算机	992032	王文辉	87	17	104
5	经济	995034	郝心怡	86	17	103
6	信息	991076	王力	91	15	106
10	计算机	992005	扬海东	90	19	109
11	自动控制	993082	黄立	85	20	105
14	数学	994034	姚林	89	15	104
18	经济	995014	张平	80	18	98
19	自动控制	993053	李英	93	19	112

图 5-98　自动筛选结果

图 5-99　EXC.XLS 工作簿文件

操作步骤：

（1）单击数据区域中的任意一个单元格，单击"数据"|"筛选"按钮。

（2）单击"系别"列的下拉按钮，在下拉列表中选择"自动控制"选项，筛选结果如图 5-100 所示。

	A	B	C	D	E
1	系别	学号	姓名	课程名称	成绩
2	自动控制	993053	李英	计算机图形学	93
9	自动控制	993082	黄立	计算机图形学	85
13	自动控制	993053	李英	人工智能	79
18	自动控制	993021	张在旭	人工智能	75
19	自动控制	993023	张磊	多媒体技术	75
27	自动控制	993026	钱民	多媒体技术	66
28	自动控制	993023	张磊	计算机图形学	65
30	自动控制	993021	张在旭	计算机图形学	60

图 5-100　筛选结果

【**任务 3**】打开 EXC.XLS 工作簿文件,如图 5-101 所示。对"选修课程成绩单"工作表的内容进行自动筛选,条件为"课程名称为人工智能或计算机图形学"。

	A	B	C	D	E
1	系别	学号	姓名	课程名称	成绩
2	信息	991021	李新	多媒体技术	74
3	计算机	992032	王文辉	人工智能	87
4	自动控制	993023	张磊	计算机图形学	65
5	经济	995034	郝心怡	多媒体技术	86
6	信息	991076	王力	计算机图形学	91
7	数学	994056	孙英	多媒体技术	77
8	自动控制	993021	张在旭	计算机图形学	60
9	计算机	992089	金翔	多媒体技术	73
10	计算机	992005	扬海东	人工智能	90
11	自动控制	993082	黄立	计算机图形学	85
12	信息	991062	王春晓	多媒体技术	78

图 5-101　EXC.XLS 工作簿文件

操作步骤:

(1)单击数据区域中的任意一个单元格,单击"数据"|"筛选"按钮。

(2)单击"课程名称"列的下拉按钮,选择"数字筛选"|"等于"选项,弹出"自定义自动筛选方式"对话框。

(3)在对话框中设置筛选条件(注意是两个条件,"或"关系),如图 5-102 所示。

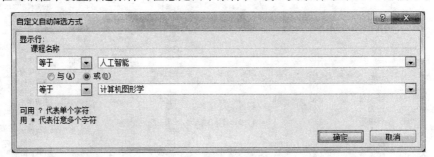

图 5-102　设置筛选条件

(4)单击"确定"按钮,筛选结果如图 5-103 所示。

	A	B	C	D	E
1	系别	学号	姓名	课程名称	成绩
2	自动控制	993053	李英	计算机图形学	93
3	信息	991076	王力	计算机图形学	91
4	计算机	992005	扬海东	人工智能	90
6	信息	991021	李新	人工智能	87
7	计算机	992032	王文辉	计算机图形学	87
9	自动控制	993082	黄立	计算机图形学	85
12	计算机	992032	王文辉	计算机图形学	79
13	自动控制	993053	李英	人工智能	79
15	数学	994086	高晓东	人工智能	78
18	自动控制	993021	张在旭	人工智能	75
22	经济	995022	陈松	计算机图形学	71
23	经济	995022	陈松	人工智能	69
25	数学	994027	黄红	人工智能	68
26	计算机	992005	扬海东	计算机图形学	67
28	自动控制	993023	张磊	计算机图形学	65
29	计算机	991025	张雨涵	计算机图形学	62
30	自动控制	993021	张在旭	计算机图形学	60

图 5-103　筛选结果

【任务 4】打开 EXC.XLS 工作簿文件，如图 5-104 所示。对"选修课程成绩单"工作表的内容进行自动筛选，条件是"成绩大于或等于 60 并且小于或等于 80"。

	A	B	C	D	E
1	系别	学号	姓名	课程名称	成绩
2	自动控制	993053	李英	计算机图形学	93
3	信息	991076	王力	计算机图形学	91
4	计算机	992005	扬海东	人工智能	90
5	数学	994034	姚林	多媒体技术	89
6	信息	991021	李新	人工智能	87
7	计算机	992032	王文辉	计算机图形学	87
8	经济	995034	郝心怡	多媒体技术	86
9	自动控制	993082	黄立	计算机图形学	85
10	信息	991076	王力	多媒体技术	81
11	经济	995014	张平	多媒体技术	80
12	计算机	992032	王文辉	计算机图形学	79
13	自动控制	993053	李英	人工智能	79
14	信息	991062	王春晓	多媒体技术	78
15	数学	994086	高晓东	人工智能	78
16	数学	994056	孙英	多媒体技术	77
17	数学	994086	高晓东	多媒体技术	76
18	自动控制	993021	张在旭	人工智能	75
19	自动控制	993023	张磊	多媒体技术	75
20	信息	991021	李新	多媒体技术	74
21	计算机	992089	金翔	多媒体技术	73
22	经济	995022	陈松	计算机图形学	71
23	经济	995022	陈松	人工智能	69
24	信息	991025	张雨涵	多媒体技术	68
25	数学	994027	黄红	人工智能	68
26	计算机	992005	扬海东	计算机图形学	67
27	自动控制	993026	钱民	多媒体技术	66

选修课程成绩单　Sheet2　Sheet3

图 5-104　EXC.XLS 工作簿文件

操作步骤：

（1）单击数据区域中的任意一个单元格，单击"数据"|"筛选"按钮。

（2）单击"成绩"列的下拉按钮，在下拉列表中选择"数字筛选"|"自定义筛选"选项，弹出"自定义自动筛选方式"对话框。

（3）在"自定义自动筛选方式"对话框中设置筛选条件（注意是两个条件，"与"关系），如图 5-105 所示。

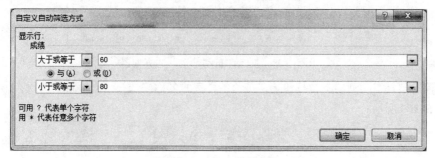

图 5-105　设置筛选条件

（4）单击"确定"按钮，筛选结果如图 5-106 所示。

注　意

条件"成绩大于或等于 60 并且小于或等于 80"中的"并且"，即为逻辑"与"的关系。

	A	B	C	D	E
1	系别 ▼	学号 ▼	姓名 ▼	课程名称 ▼	成绩 ▼
11	经济	995014	张平	多媒体技术	80
12	计算机	992032	王文辉	计算机图形学	79
13	自动控制	993053	李英	人工智能	79
14	信息	991062	王春晓	多媒体技术	78
15	数学	994086	高晓东	人工智能	78
16	数学	994056	孙英	多媒体技术	77
17	数学	994086	高晓东	多媒体技术	76
18	自动控制	993021	张在旭	人工智能	75
19	自动控制	993023	张磊	多媒体技术	75
20	信息	991021	李新	多媒体技术	74
21	计算机	992089	金翔	多媒体技术	73
22	经济	995022	陈松	计算机图形学	71
23	经济	995022	陈松	人工智能	69
24	信息	991025	张雨涵	多媒体技术	68
25	数学	994027	黄红	人工智能	68
26	计算机	992005	扬海东	计算机图形学	67
27	自动控制	993026	钱民	多媒体技术	66
28	自动控制	993023	张磊	计算机图形学	65
29	计算机	991025	张雨涵	计算机图形学	62
30	自动控制	993021	张在旭	计算机图形学	60
31					

图 5-106 筛选结果

【任务 5】打开 SOME1.XLS 工作簿文件，如图 5-107 所示。筛选出"人事科"中基本工资大于或等于 1 000 并且补助工资小于或等于 200 的人员。

	C	D	E	F	G
1	姓名	基本工资	补助工资	扣款	实发工资
2	李海燕	1000.00	120.00	15.00	1105.00
3	张波	1030.00	180.00	15.00	1195.00
4	周鹏	100.00	210.00	0.00	310.00
5	杨卫国	2102.00	150.00	70.00	2182.00
6	孙兰兰	2100.00	130.00	70.00	2160.00
7	张凡	2000.00	220.00	65.00	2155.00
8	石晓国	8000.00	190.00	360.00	7830.00

图 5-107 SOME1.XLS 工作簿文件

操作步骤：

（1）单击数据区域中的任意一个单元格，单击"数据"|"筛选"按钮，插入"自动筛选"的查询器，如图 5-108 所示。

	A	B	C	D	E	F	G
1	编号 ▼	科室 ▼	姓名 ▼	基本工资 ▼	补助工资 ▼	扣款 ▼	实发工资 ▼
2	1	人事科	李海燕	1000.00	120.00	15.00	1105.00
3	2	人事科	张波	1030.00	180.00	15.00	1195.00
4	3	人事科	周鹏	100.00	210.00	0.00	310.00
5	4	教务科	杨卫国	2102.00	150.00	70.00	2182.00
6	5	教务科	孙兰兰	2100.00	130.00	70.00	2160.00
7	6	财务科	张凡	2000.00	220.00	65.00	2155.00
8	7	财务科	石晓国	8000.00	190.00	360.00	7830.00

图 5-108 插入"自动筛选"的查询器

（2）单击"科室"列的下拉按钮▼，显示各科室的名称。选择"人事科"选项，第一次筛选结果如图 5-109 所示。

	A	B	C	D	E	F	G
1	编号 ▼	科室 ▼	姓名 ▼	基本工资 ▼	补助工资 ▼	扣款 ▼	实发工资 ▼
2	1	人事科	李海燕	1000.00	120.00	15.00	1105.00
3	2	人事科	张波	1030.00	180.00	15.00	1195.00
4	3	人事科	周鹏	100.00	210.00	0.00	310.00
9							

图 5-109 第一次筛选"人事科"结果

（3）第二次筛选：单击"基本工资"列的下拉按钮▼，选择"数字筛选"|"大于或等于"选项，弹出"自定义自动筛选方式"对话框。

（4）在"自定义自动筛选方式"对话框中设置筛选条件，如图 5-110 所示。

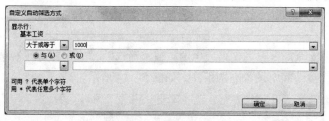

图 5-110　设置筛选条件

（5）单击"确定"按钮，筛选结果如图 5-111 所示。

	A	B	C	D	E	F	G
1	编号	科室	姓名	基本工资	补助工资	扣款	实发工资
2	1	人事科	李海燕	1000.00	120.00	15.00	1105.00
3	2	人事科	张波	1030.00	180.00	15.00	1195.00

图 5-111　第二次筛选"基本工资"结果

（6）第三次筛选：选择"补助工资"列下拉列表中的"数字筛选"I"小于或等于"选项。

（7）在弹出的"自定义自动筛选方式"对话框中设置筛选条件。单击"确定"按钮，筛选结果如图 5-112 所示。

	A	B	C	D	E	F	G
1	编号	科室	姓名	基本工资	补助工资	扣款	实发工资
2	1	人事科	李海燕	1000.00	120.00	15.00	1105.00
3	2	人事科	张波	1030.00	180.00	15.00	1195.00

图 5-112　第三次筛选"补助工资"结果

—— 注 意 ——

本任务需要多次采用自动筛选才能得到结果。

【任务 6】打开 EXC.XLS 工作簿文件，如图 5-113 所示。对"计算机专业成绩单"工作表内的数据进行自动筛选，条件为数据库原理、操作系统、体系结构三门课程均大于或等于 75 分，对筛选后的内容按主要关键字"平均成绩"的递减次序和次要关键字"班级"的递增次序进行排序。

	A	B	C	D	E	F	G	H
1	学号	姓名	班级	数据库原理	操作系统	体系结构	平均成绩	
2	011021	李新	1班	78	69	95	80.67	
3	011022	王文辉	1班	70	67	73	70.00	
4	011023	张磊	1班	67	78	65	70.00	
5	011024	郝心怡	1班	82	73	87	80.67	
6	011025	王力	1班	89	90	63	80.67	
7	011026	孙英	1班	66	82	52	66.67	
8	011027	张在旭	1班	50	69	80	66.33	
9	011028	金翔	1班	91	75	77	81.00	
10	011029	扬海东	1班	68	80	71	73.00	
11	011030	黄立	1班	77	53	84	71.33	
12	012011	王春晓	2班	95	87	78	86.67	
13	012012	陈松	2班	73	68	70	70.33	
14	012013	姚林	2班	65	76	67	69.33	
15	012014	张雨涵	2班	87	54	82	74.33	
16	012015	钱民	2班	63	82	89	78.00	
17	012016	高晓东	2班	52	91	66	69.67	
18	012017	张平	2班	80	78	50	69.33	
19	012018	李英	2班	77	66	91	78.00	
20	012019	黄红	2班	71	76	68	71.67	
21	012020	李新	2班	84	82	77	81.00	
22	013003	张磊	3班	68	73	69	70.00	
23	013004	王力	3班	75	65	67	69.00	
24	013005	张在旭	3班	52	87	78	72.33	
25	013006	扬海东	3班	86	63	73	74.00	
26	013007	陈松	3班	94	81	90	88.33	
27	013008	张雨涵	3班	78	80	82	80.00	
28	013009	高晓东	3班	66	77	69	70.67	
29	013010	李英	3班	76	51	75	67.33	
30	013011	王文辉	3班	82	84	80	82.00	
31								

图 5-113　EXC.XLS 工作簿文件

操作步骤：

（1）单击数据区域中的任意一个单元格，单击"数据"|"筛选"按钮，插入"自动筛选"的查询器。

（2）选择"数据库原理"列下拉列表中的"数字筛选"|"大于或等于"选项，在弹出的"自定义自动筛选方式"对话框中设置筛选条件，如图 5-114 所示。

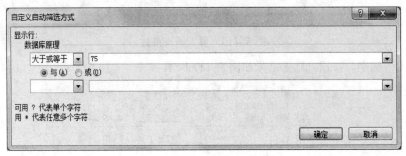

图 5-114　设置筛选条件

（3）单击"确定"按钮，筛选结果如图 5-115 所示。

	A	B	C	D	E	F	G
1	学号	姓名	班级	数据库原理	操作系统	体系结构	平均成绩
2	011021	李新	1班	78	69	95	80.67
5	011024	郝心怡	1班	82	73	87	80.67
6	011025	王力	1班	89	90	63	80.67
9	011028	金翔	1班	91	75	77	81.00
11	011030	黄立	1班	77	53	84	71.33
12	012011	王春晓	2班	95	87	78	86.67
15	012014	张雨涵	2班	87	54	82	74.33
18	012017	张平	2班	80	78	50	69.33
19	012018	李英	2班	77	66	91	78.00
21	012020	李新	2班	84	82	77	81.00
23	013004	王力	3班	75	65	67	69.00
25	013006	扬海东	3班	86	63	73	74.00
26	013007	陈松	3班	94	81	90	88.33
27	013008	张雨涵	3班	78	80	82	80.00
29	013010	李英	3班	76	51	75	67.33
30	013011	王文辉	3班	82	84	80	82.00
31							

图 5-115　第一次筛选结果

（4）同上述方法，第二次筛选"操作系统"列，在弹出的"自定义自动筛选方式"对话框中设置筛选条件，并单击"确定"按钮，筛选结果如图 5-116 所示。

	A	B	C	D	E	F	G
1	学号	姓名	班级	数据库原理	操作系统	体系结构	平均成绩
6	011025	王力	1班	89	90	63	80.67
9	011028	金翔	1班	91	75	77	81.00
12	012011	王春晓	2班	95	87	78	86.67
18	012017	张平	2班	80	78	50	69.33
21	012020	李新	2班	84	82	77	81.00
26	013007	陈松	3班	94	81	90	88.33
27	013008	张雨涵	3班	78	80	82	80.00
30	013011	王文辉	3班	82	84	80	82.00
31							

图 5-116　第二次筛选结果

（5）第三次筛选"体系结构"列，在弹出的"自定义自动筛选方式"对话框中设置筛选条件，并单击"确定"按钮，筛选结果如图 5-117 所示。

	A	B	C	D	E	F	G	H
1	学号	姓名	班级	数据库原理	操作系统	体系结构	平均成绩	
9	011028	金翔	1班	91	75	77	81.00	
12	012011	王春晓	2班	95	87	78	86.67	
21	012020	李新	2班	84	82	77	81.00	
26	013007	陈松	3班	94	81	90	88.33	
27	013008	张雨涵	3班	78	80	82	80.00	
30	013011	王文辉	3班	82	84	80	82.00	
31								

图 5-117　第三次筛选结果

（6）单击工作表数据区域的任意一个单元格。

（7）单击"数据"|"排序"按钮，弹出"排序"对话框。

（8）根据排序的需要，在"主要关键字"下拉列表框中选择"平均成绩"选项，然后选择"降序"选项，在"次要关键字"下拉列表框中选择"班级"选项，然后选择"升序"选项，默认设置有标题行，排序结果如图 5-118 所示。

	A	B	C	D	E	F	G	
1	学号	姓名	班级	数据库原理	操作系统	体系结构	平均成绩	
6	011025	王力	1班	89	90	63	80.67	
9	011028	金翔	1班	91	75	77	81.00	
12	012011	王春晓	2班	95	87	78	86.67	
18	012017	张平	2班	80	78	50	69.33	
21	012020	李新	2班	84	82	77	81.00	
26	013007	陈松	3班	94	81	90	88.33	
27	013008	张雨涵	3班	78	80	82	80.00	
30	013011	王文辉	3班	82	84	80	82.00	
31								

图 5-118　排序结果

项目 6　高 级 筛 选

如果要筛选的数据需要复杂条件（如类型= "农产品" OR 销售人员= "李小明"），则可以使用"高级筛选"对话框。

可以在工作表以及要筛选的单元格区域或表上的单独条件区域中输入高级条件。将"高级筛选"对话框中的单独条件区域用作高级条件的源。

【任务 1】打开 EXC.XLS 工作簿文件，如图 5-119 所示。对"选修课程成绩单"工作表内的数据进行高级筛选，条件为"系别为计算机并且课程名称为计算机图形学"（在数据表前插入三行，前两行作为条件区域），筛选后的结果显示在原有区域。

操作步骤：

（1）拖动鼠标选择第 1～3 行行号，右击选区，在弹出的快捷菜单中选择"插入"命令，在数据清单上方插入 3 个空行作为条件区，将字段名"系别"和"课程名称"复制到第 1 行相应位置，在第 2 行相应字段名下输入"计算机"和"计算机图形学"，生成条件区数据，如图 5-120 所示。

注 意

在高级筛选中填写筛选条件时，设置"与条件"在同一行，"或条件"在不同行。即将具有"与"关系的各个条件放置在同一行，将具有"或"关系的各个条件放置在不同行。

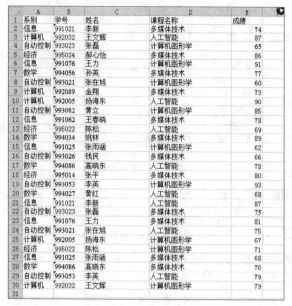

图 5-119　EXC.XLS 工作簿文件

图 5-120　建立筛选条件

（2）单击数据清单中的任意单元格，单击"数据"｜"排序和筛选"｜"高级"按钮 ，弹出"高级筛选"对话框，如图 5-121 所示。

（3）在"列表区域"文本框中输入或选取数据区域，如区域正确就不必再选取；单击"条件区域"文本框，然后按住鼠标左键在 A1:E2 条件区域中拖动，用于指定条件区域，如图 5-122 所示。

图 5-121　"高级筛选"对话框

图 5-122　高级筛选设置

（4）单击"确定"按钮，筛选结果如图 5-123 所示。

	A	B	C	D	E
1	系别	学号	姓名	课程名称	成绩
2	计算机			计算机图形学	
3					
4	系别	学号	姓名	课程名称	成绩
28	计算机	992005	扬海东	计算机图形学	67
33	计算机	992032	王文辉	计算机图形学	79
34					

图 5-123　筛选结果

【任务 2】打开 EXC.XLS 工作簿文件，如图 5-124 所示。对"选修课程成绩单"工作表内的数据进行高级筛选，条件为"系别为信息并且成绩大于 70"，筛选后的结果从第 35 行开始显示，筛选后的工作表还保存在 EXC.XLS 工作簿文件中，工作表名不变。

	A	B	C	D	E
1	系别	学号	姓名	课程名称	成绩
2	信息	991021	李新	多媒体技术	74
3	计算机	992032	王文辉	人工智能	87
4	自动控制	993023	张磊	计算机图形学	65
5	经济	995034	郝心怡	多媒体技术	86
6	信息	991076	王力	计算机图形学	91
7	数学	994056	孙英	多媒体技术	77
8	自动控制	993021	张在旭	计算机图形学	60
9	计算机	992089	金翔	多媒体技术	73
10	计算机	992005	扬海东	人工智能	90
11	自动控制	993082	黄立	计算机图形学	85
12	信息	991062	王春晓	多媒体技术	78
13	经济	995022	陈松	人工智能	69
14	数学	994034	姚林	人工智能	89
15	信息	991025	张雨涵	计算机图形学	62
16	自动控制	993026	钱民	多媒体技术	66
17	数学	994086	高晓东	人工智能	78
18	经济	995014	张平	多媒体技术	80
19	自动控制	993053	李英	计算机图形学	93
20	数学	994027	黄红	人工智能	68
21	信息	991021	李新	人工智能	87
22	自动控制	993023	张磊	多媒体技术	75
23	信息	991076	王力	多媒体技术	81

图 5-124　EXC.XLS 工作簿文件

操作步骤：

（1）在数据清单下空一行后填写筛选条件，如图 5-125 所示。

（2）单击数据清单中的任意单元格，单击"数据"|"排序和筛选"|"高级"按钮，弹出"高级筛选"对话框，如图 5-126 所示。

31		
32	系别	成绩
33	信息	>70
34		
35		

图 5-125　建立筛选条件

图 5-126　"高级筛选"对话框

（3）在"列表区域"文本框中输入或选取数据区域；单击"条件区域"文本框，然后按住鼠标左键在 A32:B33 条件区域中拖动，选定条件区域。

（4）在"方式"选项区域中，选中"将筛选结果复制到其他位置"单选按钮，此时"复制到"文本框可见；单击该文本框后的定位按钮，然后单击 A35 单元格，即确定了存放区的起始位置，如图 5-127 所示。

（5）单击"确定"按钮，筛选结果如图 5-128 所示。

图 5-127　设置"复制到"文本框的条件

35	系别	学号	姓名	课程名称	成绩
36	信息	991021	李新	多媒体技术	74
37	信息	991076	王力	计算机图形学	91
38	信息	991062	王春晓	多媒体技术	78
39	信息	991021	李新	人工智能	87
40	信息	991076	王力	多媒体技术	81

图 5-128　高级筛选结果

项目7 分 类 汇 总

通过使用"分类汇总"命令可以自动计算列的列表中的分类汇总和总计。

【任务1】打开 WEEK7.XLS 工作簿文件，如图5-129所示。以"科室"为关键字升序排列，按"科室"为分类字段进行分类汇总，再分别将每个科室"应发工资"汇总求和，汇总数据显示在数据下方。

	A	B	C	D	E	F	G
1	编号	科室	姓名	基本工资	补助工资	应发工资	
2	1	人事科	原真业	1030.00	100.00	1130.00	
3	2	人事科	适长	1100.00	100.00	1200.00	
4	3	教务科	杨建兰	1210.00	100.00	1310.00	
5	4	财务科	杨圣洪	2300.00	500.00	2800.00	
6	5	财务科	洋芳	2000.00	100.00	2100.00	
7							

图5-129 WEEK7.XLS 工作簿文件

操作步骤：

（1）单击"科室"字段中的任意单元格。

（2）单击"数据"|"排序和筛选"|"升序"按钮 ↓↑，对数据区按"科室"进行排序，如图5-130所示。

注 意

按某字段为分类字段进行分类汇总时，一定先要对该字段排序，然后再进行分类汇总。

（3）单击数据区域的任意单元格。

（4）单击"数据"|"分级显示"|"分类汇总"按钮，弹出"分类汇总"对话框。

（5）在"分类字段"下拉列表框中选择"科室"选项，在"汇总方式"下拉列表框中选择"求和"选项，在"选定汇总项"列表框中选择"应发工资"选项，如图5-131所示。

	A	B	C	D	E	F	G
1	编号	科室	姓名	基本工资	补助工资	应发工资	
2	4	财务科	杨圣洪	2300.00	500.00	2800.00	
3	5	财务科	洋芳	2000.00	100.00	2100.00	
4	3	教务科	杨建兰	1210.00	100.00	1310.00	
5	1	人事科	原真业	1030.00	100.00	1130.00	
6	2	人事科	适长	1100.00	100.00	1200.00	
7							

图5-130 排序结果   图5-131 "分类汇总"对话框

（6）单击"确定"按钮，分类汇总结果如图5-132所示。

1 2 3		A	B	C	D	E	F	G
	1	编号	科室	姓名	基本工资	补助工资	应发工资	
	2	4	财务科	杨圣洪	2300.00	500.00	2800.00	
	3	5	财务科	洋芳	2000.00	100.00	2100.00	
	4		财务科 汇总				4900.00	
	5	3	教务科	杨建兰	1210.00	100.00	1310.00	
	6		教务科 汇总				1310.00	
	7	1	人事科	原真业	1030.00	100.00	1130.00	
	8	2	人事科	适长	1100.00	100.00	1200.00	
	9		人事科 汇总				2330.00	
	10		总计				8540.00	
	11							

图5-132 分类汇总结果

【任务 2】打开 EXC.XLS 工作簿文件，如图 5-133 所示。对"选修课程成绩单"工作表内的数据进行分类汇总（提示：分类汇总前按课程名称升序排序），分类字段为"课程名称"，汇总方式为"平均值"，汇总项为"成绩"，汇总结果显示在数据下方。隐藏明细数据，剩余合计数。

	A	B	C	D	E	F
1	系别	学号	姓名	课程名称	成绩	
2	信息	991021	李新	多媒体技术	74	
3	计算机	992032	王文辉	人工智能	87	
4	自动控制	993023	张磊	计算机图形学	65	
5	经济	995034	郝心怡	多媒体技术	86	
6	信息	991076	王力	计算机图形学	91	
7	数学	994056	孙英	多媒体技术	77	
8	自动控制	993021	张在旭	计算机图形学	60	
9	计算机	992089	金翔	多媒体技术	73	
10	计算机	992005	扬海东	人工智能	90	
11	自动控制	993082	黄立	计算机图形学	85	
12	信息	991062	王春晓	多媒体技术	78	
13	经济	995022	陈松	人工智能	69	
14	数学	994034	姚林	多媒体技术	89	
15	信息	991025	张雨涵	计算机图形学	62	
16	自动控制	993026	钱民	多媒体技术	66	
17	数学	994086	高晓东	人工智能	78	
18	经济	995014	张平	多媒体技术	80	
19	自动控制	995015	李英	计算机图形学	93	
20	数学	994027	黄红	人工智能	68	
21	信息	991021	李新	人工智能	74	
22	自动控制	993023	张磊	多媒体技术	52	
23	信息	991076	王力	人工智能	81	
24	自动控制	993021	张在旭	人工智能	75	
25	计算机	992005	扬海东	计算机图形学	67	
26	经济	995022	陈松	计算机图形学	71	
27	信息	995023	张雨涵	多媒体技术	68	
28	经济	994086	高晓东	多媒体技术	95	
29	自动控制	993053	李英	人工智能	88	
30	计算机	992032	王文辉	多媒体技术	69	
31						

图 5-133　EXC.XLS 工作簿文件

操作步骤：

（1）单击"课程名称"字段中的任意单元格。

（2）单击"数据"|"排序和筛选"|"升序"按钮 ，对数据区按"课程名称"进行排序，如图 5-134 所示。

	A	B	C	D	E	F
1	系别	学号	姓名	课程名称	成绩	
2	信息	991021	李新	多媒体技术	74	
3	经济	995034	郝心怡	多媒体技术	86	
4	数学	994056	孙英	多媒体技术	77	
5	计算机	992089	金翔	多媒体技术	73	
6	信息	991062	王春晓	多媒体技术	78	
7	数学	994034	姚林	多媒体技术	89	
8	自动控制	993026	钱民	多媒体技术	66	
9	经济	995014	张平	多媒体技术	80	
10	自动控制	993023	张磊	多媒体技术	52	
11	信息	995023	张雨涵	多媒体技术	68	
12	经济	994086	高晓东	多媒体技术	95	
13	计算机	992032	王文辉	多媒体技术	69	
14	自动控制	993023	张磊	计算机图形学	65	
15	信息	991076	王力	计算机图形学	91	
16	自动控制	993021	张在旭	计算机图形学	60	
17	自动控制	993082	黄立	计算机图形学	85	
18	信息	991025	张雨涵	计算机图形学	62	
19	自动控制	995015	李英	计算机图形学	93	
20	计算机	992005	扬海东	计算机图形学	67	
21	经济	995022	陈松	计算机图形学	71	
22	计算机	992032	王文辉	人工智能	87	
23	计算机	992005	扬海东	人工智能	90	
24	经济	995022	陈松	人工智能	69	
25	数学	994086	高晓东	人工智能	78	
26	数学	994027	黄红	人工智能	68	
27	信息	991021	李新	人工智能	74	
28	信息	991076	王力	人工智能	81	
29	自动控制	993021	张在旭	人工智能	75	
30	自动控制	993053	李英	人工智能	88	

图 5-134　排序结果

（3）单击"数据"｜"分级显示"｜"分类汇总"按钮，弹出"分类汇总"对话框。

（4）在"分类字段"下拉列表框中选择"课程名称"选项，在"汇总方式"下拉列表框中选择"平均值"选项，在"选定汇总项"列表框中选择"成绩"选项，如图5-135所示。

（5）单击"确定"按钮，分类汇总结果如图5-136所示。

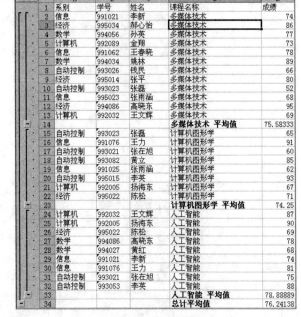

图5-135 "分类汇总"设置　　　　　图5-136 分类汇总结果1

（6）如图5-137所示，单击工作表区域左侧的"隐藏明细数据"按钮，隐藏明细数据，分类汇总结果如图5-138所示。

1 2 3		A	B	C	D	E	F
	14				多媒体技术 平均值	76.91667	
					计算机图形学 平均值	74.77778	
	25	计算机	992032	王文辉	人工智能	87	
	26	计算机	992005	扬海东	人工智能	90	
	27	经济	995022	陈松	人工智能	69	
	28	数学	994086	高晓东	人工智能	78	
	29	数学	994027	黄红	人工智能	68	
	30	信息	991021	李新	人工智能	87	
	31	自动控制	993021	张在旭	人工智能	75	
	32	自动控制	993053	李英	人工智能	79	
	33				人工智能 平均值	79.125	
	34				总计平均值	76.86207	
	35						

图5-137 隐藏明细数据

1 2 3		A	B	C	D	E
	1	系别	学号	姓名	课程名称	成绩
	14				多媒体技术 平均值	76.91667
	24				计算机图形学 平均值	74.77778
	33				人工智能 平均值	79.125
	34				总计平均值	76.86207

图5-138 分类汇总结果2

注 意

分类汇总表的左上角有3个分级显示按钮。显示一级为总计结果，显示二级为分类汇总结果，显示三级为明细结果。

项目 8　图　　表

采用图表的方法来弥补单用文字表达的缺欠，把复杂的事物说清楚，使事物表达更加直接、具体、完善。用图表的方式对事物的特征、事理、影响等加以说明，使说明更加直观，从而达到轻松解决问题的目的，使人一目了然。

【任务 1】打开工作表 Sheet1，如图 5-139 所示。选择“姓名”“原来工资”“浮动额”3 列数据，建立“簇状圆柱图”图表，嵌入工作表的 A7:F17 区域中。

操作步骤：

（1）在工作表中选取图表所需数据的所有单元格 B1:B4、C1:C4 和 E1:E4。

（2）单击“插入”|“图表”| 按钮，弹出“插入图表”对话框。在列表框中选择“柱形图”选项，在子图表类型列表框中选择“簇状圆柱图”选项，如图 5-140 所示。

	A	B	C	D	E
1	序号	姓名	原来工资	浮动率	浮动额
2	1	张三	2500	0.5%	12.5
3	2	王五	9800	1.5%	147
4	3	李红	2400	1.2%	28.8
5	总计				188.3
6					

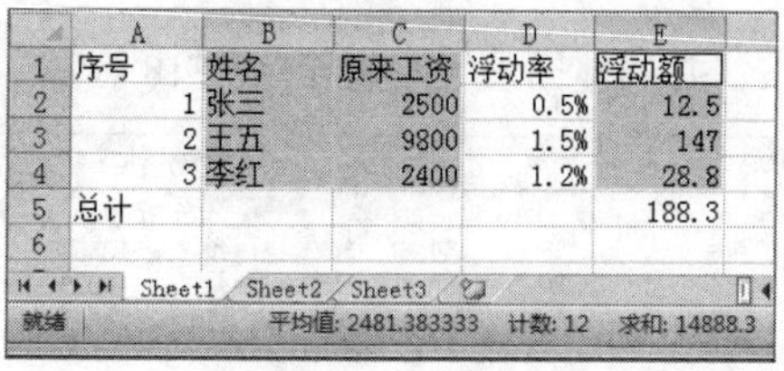

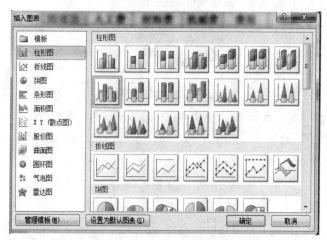

图 5-139　工作表 Sheet1

图 5-140　选择图表类型

（3）单击“确定”按钮。

（4）指向图表区域，拖动鼠标指针至 A7 单元格，并调整图表大小置于 A7:F17 区域，结果如图 5-141 所示。在图表上移动鼠标指针，可以看到鼠标指针所指向的图表各个区域的名称，如图表区域、绘图区、图例、分类轴、数值轴等。

【任务 2】打开工作表 Sheet1，如图 5-142 所示。选取 A2:A5 和 F2:F5 单元格区域的内容，建立分离型三维饼图（比例图），标题为“植树情况统计图”，图例放在底部，显示数据标志，将图表插入工作表的 A8:F18 单元格区域内并保存。

操作步骤：

（1）在工作表中选取图表所需数据的单元格 A2:A5 和 F2:F5，如图 5-142 所示。

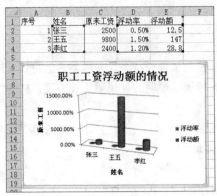

图 5-141　创建的图表

图 5-142　工作表 Sheet1

（2）单击"插入"|"图表"|"饼图"按钮，在"图表类型"列表框中选择"分离型三维饼图"选项。

（3）拖动图表至 A7 单元格，并调整图表大小置于 A8:F18 区域，结果如图 5-143 所示。

图 5-143　分离型三维饼图

（4）单击图表标题"所占百分比"，在文本框中输入"植树情况统计图"。

（5）右击图表的图例，选择"设置图例格式"命令，弹出的对话框如图 5-144 所示。选择"图例位置"为"底部"，单击"关闭"按钮。

图 5-144　"设置图例格式"对话框

（6）右击图表区，选择"添加数据标签"命令即可，创建的饼图如图 5-145 所示。

	A	B	C	D	E	F
1	某公园植树情况统计表					
2	树种	2002年	2003年	2004年	总计	所占百分比
3	杨树	125	150	165	440	45.22%
4	油松	90	108	85	283	29.09%
5	银杏	85	90	75	250	25.69%
6	合计				973	
7						

植树情况统计图

25.69%　　45.22%

29.09%

■ 杨树　■ 油松　■ 银杏

图 5-145　创建的饼图

【任务 3】打开工作表 Sheet1，如图 5-146 所示。选取"某公司年设备销售情况表"中的"设备名称"和"销售额"两列的内容（总计行除外）建立"簇状棱锥图"，X 轴为设备名称，标题为"设备销售情况图"，不显示图例，网格线分类（X）轴和数值（Z）轴显示主要网格线，设置图表背景墙格式，渐变填充颜色类型为单色，选择颜色为紫色，将图表插入工作表的 A9:E22 单元格区域。

	A	B	C	D	E
1	某公司年设备销售情况表				
2	设备名称	数量	单价	销售额	
3	微机	36	6580	236880	
4	MP3	89	897	79833	
5	数码相机	45	3560	160200	
6	打印机	53	987	52311	
7				总计	

图 5-146　工作表 Sheet1

操作步骤：

（1）在工作表中选取图表所需数据的所有单元格 A2:A6 和 D2:D6。

（2）单击"插入"|"图表"|"柱形图"按钮，在"图表类型"列表框中选择"簇状棱锥图"选项。

（3）拖动图表至 A9 单元格，并调整图表大小置于 A9:E22 区域，结果如图 5-147 所示。

（4）单击图表标题"销售额"，在文本框中修改标题为"设备销售情况图"。

（5）右击图表的图例，选择"删除"命令，删除图例。

（6）分别右击图表 X 轴、Z 轴数据标签，选择"添加主要网格线"命令。

（7）选中图表 X 轴数据标签，选择"图表工具-布局"|"坐标轴标题"|"主要横坐标轴标题"|"坐标轴下方标题"命令（见图 5-148），在文本框中输入"设备名称"。

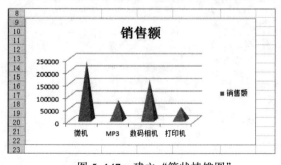

图 5-147　建立"簇状棱锥图"

图 5-148　建立坐标轴数据标签

（8）将鼠标指针指向图表的背景墙并右击，选择"设置背景墙格式"命令，在弹出的"设置背景墙格式"对话框的"填充"选项中选中"渐变填充"单选按钮，"颜色"选择"紫色"，如图 5-149 所示。

（9）单击"关闭"按钮，图表效果如图 5-150 所示。

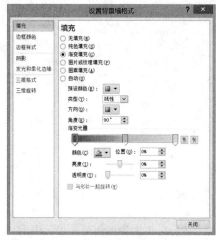

图 5-149 "设置背景墙格式"对话框

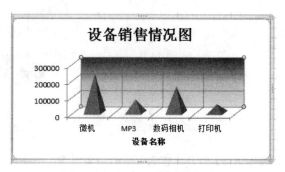

图 5-150 图表效果

【任务 4】打开 EEL.XLS 文件，如图 5-151 所示。选取"某地区经济增长指数对比表"的 A2:L5 数据区域的内容建立"带数据标记的折线图"（系列产生在"行"），标题为"经济增长指数对比图"，设置 Y 轴刻度最小值为 0，最大值为 250，主要刻度单位为 50，分类（X 轴）交叉于 50；将图表插入 A8:L20 单元格区域内，保存 EEL.XLS 文件。

	A	B	C	D	E	F	G	H	I	J	K	L
1	某地区经济增长指数对比表											
2	月份	2月	3月	4月	5月	6月	7月	8月	9月	10月	11月	12月
3	03年	83.9	102.4	113.5	119.7	120.1	138.7	137.9	134.7	140.5	159.4	168.7
4	04年	101.00	122.70	139.12	141.50	130.60	153.80	139.14	148.77	160.33	166.42	175.00
5	05年	146.96	165.60	179.08	179.06	190.18	188.50	195.78	191.30	193.27	197.98	201.22
6												

图 5-151 EEL.XLS 文件

操作步骤：

（1）选取工作表中包含所需数据的所有单元格 A2:L5。

（2）单击"插入"|"图表"|"折线图"按钮，在"图表类型"列表框中选择"带数据标记的折线图"选项。

（3）拖动图表至 A8 单元格，并调整图表大小置于 A8:L20 区域。

（4）选中图表，选择"图表工具-布局"|"图表标题"|"图表上方"命令，在文本框中输入"经济增长指数对比图"。

（5）右击图表 Y 轴数据标签，在弹出的快捷菜单中选择"设置坐标轴格式"命令，弹出"设置坐标轴格式"对话框。

（6）在"设置坐标轴格式"对话框中设置 Y 轴各项参数，在"最小值"文本框中输入"0"，在"最大值"文本框中输入"250"，在"主要刻度单位"文本框中输入"50"，在"坐标轴值"文本框中输入"50"，如图 5-152 所示。

图 5-152 "设置坐标轴格式"对话框

（7）单击"关闭"按钮，完成图表的创建，如图 5-153 所示。

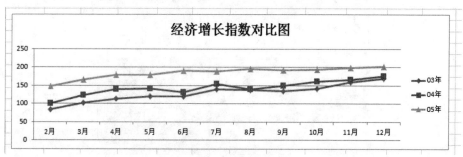

图 5-153   创建的图表

项目 9   合并计算与数据透视表

若要汇总和报告多个单独工作表中数据的结果，可以将每个单独工作表中的数据合并到一个工作表（或主工作表）中。所合并的工作表可以与主工作表位于同一工作簿中，也可以位于其他工作簿中。如果在一个工作表中对数据进行合并计算，则可以更加轻松地对数据进行定期或不定期的更新和汇总。

【任务 1】打开 EXCEL.XLS 文件，现有"1 分店"和"2 分店"4 种型号的产品一月、二月、三月的"销售数量统计表"数据清单，位于工作表"销售单 1"和"销售单 2"中，如图 5-154 所示。在 Sheet3 工作表的 A1 单元格输入"合计销售数量统计表"，将 A1:D1 单元格合并为一个单元格，内容水平居中；在 A2:A6 单元格输入型号，在 B2:D2 单元格输入月份；将 Sheet3 工作表重命名为"合计销售单"，如图 5-155 所示；计算两个分店 4 种型号的产品一月、二月、三月每月销售数量总和置于 B3:D6 单元格（使用"合并计算"），创建连至源数据的连接。

	A	B	C	D	E
1	1分店销售数量统计表				
2	型号	一月	二月	三月	
3	A001	90	85	92	
4	A002	77	111	83	
5	A003	67	79	86	
6	A004	83	126	95	

◄ ► ►|\销售单1/销售单2\sheet3

	A	B	C	D	E
1	2分店销售数量统计表				
2	型号	一月	二月	三月	
3	A001	112	70	91	
4	A002	67	109	81	
5	A003	73	75	78	
6	A004	98	91	101	

◄ ► ►|\销售单1\销售单2/sheet3

图 5-154   EXCEL.XLS 文件

操作步骤：

（1）选取 Sheet3 工作表，单击 A1 单元格并输入"合计销售数量统计表"。

（2）选取数据区域 A1:D1，单击"开始"|"合并后居中"按钮 ▦。

（3）在 A2:A6 单元格输入型号，在 B2:D2 单元格输入月份，将 Sheet3 工作表改名为"合计销售单"，如图 5-155 所示。

（4）选取数据区域 B3:D6，单击"数据"|"合并计算"按钮，弹出"合并计算"对话框，如图 5-156 所示。

	A	B	C	D
1	合计销售数量统计表			
2	型号	一月	二月	三月
3	A001			
4	A002			
5	A003			
6	A004			

◄ ► ►|\销售单1\销售单2\合计销售单/

图 5-155   数据输入样式

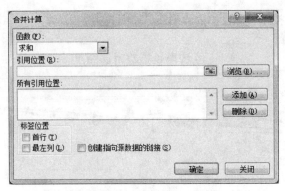

图 5-156　"合并计算"对话框

（5）在"函数"下拉列表框中选择"求和"选项。

（6）光标定位到"引用位置"文本框中。

（7）单击"销售单 1"工作表，选取数据区域 B3:D6，单击"添加"按钮。

（8）光标再次定位到"引用位置"文本框中。

（9）单击"销售单 2"工作表，选取数据区域 B3:D6，单击"添加"按钮。

（10）选中"创建指向源数据的链接"复选框，如图 5-157 所示。

图 5-157　合并计算设置

（11）单击"确定"按钮。

　　深入分析数值数据以及回答一些预料之外的工作表数据或外部数据源问题，可以创建数据透视表或数据透视图。

　　数据透视表是一种可以快速汇总大量数据的交互式方法。使用数据透视表可以深入分析数值数据，并且可以回答一些预料之外的数据问题。

　　【任务 2】打开工作簿文件 EXC.XLS，如图 5-158 所示，对工作表"图书销售情况表"内数据清单的内容建立数据透视表，按行为"销售部门"，列为"图书类别"，数据为"数量"求和布局，并置于当前工作表的 G2:K7 单元格区域。

　　操作步骤：

（1）定位数据清单，单击"插入"|"表格"|"数据透视表"按钮。

（2）选择"数据透视表"选项，弹出"创建数据透视表"对话框。

（3）在"表/区域"文本框中指定数据源的区域是"某公司图书销售情况表!$A$2:$E$17"（注意选择区域要包括列标题部分）。

某公司图书销售情况表				
销售部门	图书类别	季度	数量	销售额
第2分部	计算机类	1	123.00	12345
第1分部	计算机类	1	234.00	99670
第1分部	社科类	4	256.00	123458
第2分部	少儿类	1	1245.00	165789
第3分部	少儿类	2	234.00	123460
第3分部	少儿类	3	543.00	34876
第3分部	计算机类	1	723.00	76893
第3分部	计算机类	2	234.00	76489
第1分部	社科类	1	733.00	776513
第3分部	社科类	2	1256.00	298750
第3分部	社科类	3	267.00	48567
第3分部	计算机类	4	798.00	876455
第3分部	少儿类	4	234.00	987465
第1分部	社科类	2	733.00	76543
第3分部	社科类	3	856.00	1236780

图 5-158　EXC.XLS 工作簿文件

（4）在"选择放置数据透视表的位置"选项区域选中"现有工作表"单选按钮（即制作的数据透视表与现有工作表在同一工作表中显示），输入数据透视表位置 G2（左上角单元格地址），如图 5-159 所示。

（5）单击"确定"按钮，在打开的"数据透视表字段列表"任务窗格中定义透视表布局，如图 5-160 所示。

图 5-159　创建数据透视表　　　　　　图 5-160　布局设置

（6）将"销售部门"字段拖入"行标签"栏，将"图书类别"字段拖入"列标签"栏，将"数量"字段拖入"Σ数值"栏。在 G2:K7 单元格区域生成数据透视表，如图 5-161 所示。

销售部门	图书类别	季度	数量	销售额
第2分部	计算机类	1	123.00	12345
第1分部	计算机类	1	234.00	99670
第1分部	社科类	4	256.00	123458
第2分部	少儿类	1	1245.00	165789
第1分部	少儿类	2	234.00	123460
第3分部	少儿类	3	543.00	34876
第3分部	计算机类	1	723.00	76893
第3分部	计算机类	2	234.00	76489
第3分部	社科类	1	733.00	776513
第2分部	社科类	2	1256.00	298750
第3分部	社科类	3	267.00	48567
第3分部	计算机类	4	798.00	876455
第3分部	少儿类	4	234.00	987465
第1分部	社科类	2	733.00	76543
第3分部	社科类	3	856.00	1236780

某公司图书销售情况表

求和项:数量　图书类别

销售部门	计算机类	少儿类	社科类	总计
第1分部	234	234	1722	2190
第2分部	123	1245	1256	2624
第3分部	1755	777	1123	3655
总计	2112	2256	4101	8469

图 5-161　生成的数据透视表结果

项目 10　页 面 设 置

工作表的页面设置主要是实现工作表打印输出时使用页眉页脚、设置页码、设置纸张大小、页边距等内容。

【任务 1】打开工作表 Sheet1，如图 5-162 所示。设置打印用纸为 A4，设置报表的上、下页边距各为 3 厘米，左、右页边距各为 2.5 厘米，并使报表在水平、垂直方向上居中打印。

操作步骤：

（1）单击"页面布局"|"页面设置"|"纸张大小"按钮，在下拉列表中选择"A4"选项。

（2）单击"页面布局"|"页面设置"|"页边距"按钮，在下拉列表框中选择"自定义边距"选项，弹出"页面设置"对话框，调整"上""下""左""右"微调框中的数字，使上、下边距为 3，左、右边距为 2.5，选中"水平""垂直"复选框，使报表在水平、垂直方向上居中打印，如图 5-163 所示。

图 5-163　"页面设置"对话框

图书名称	单价	订购数量	金额	
高等数学	15.60	520		
数据结构	21.80	610		
操作系统	19.70	549		

某书库图书订购情况表

图 5-162　工作表 Sheet1

（3）单击"确定"按钮，完成设置。

【任务 2】设置报表的页脚为页码和总页数，如"第 1 页，共 2 页"；设置报表的页眉为"移动电话统计表"（居中、粗体、10 号）、打印报表时的日期（居左）。

操作步骤：

（1）单击"页面布局"|"页面设置"组右下角的对话框启动器，弹出"页面设置"对话框，选择"页眉/页脚"选项卡。

（2）在"页眉/页脚"选项卡的"页脚"下拉列表框中选择页脚格式为"第 1 页，共?页"选项，如图 5-164 所示。单击"确定"按钮，完成页脚设置。

（3）单击"自定义页眉"按钮，弹出"页眉"对话框，该对话框中有"左""中""右"3 个文本框。在打印报表时，页面顶端左、中、右 3 个位置将分别对应输出这 3 个文本框中的内容。

（4）可以在"左""中""右"3 个文本框中直接输入文字，也可以使用对话框中提供的 Ａ 🔢 🕐 🔲 🗐 🗂 🗋 🗐 🖼 9 个按钮来设置。例如：单击"左"文本框，再单击"日期"按钮 🕐，文本框中出现"&[日期]"，表示在打印时将输出的日期。

（5）单击"中"文本框，输入"移动电话统计表"，然后拖动鼠标选取文字，单击"字体"按钮 Ａ，弹出"字体"对话框。在"字形"列表框中选择"加粗"选项，在"大小"列表框中选择"10"选项，单击"确定"按钮，返回"页眉"对话框，如图 5-165 所示。

图 5-164　"页眉/页脚"选项卡

图 5-165　"页眉"对话框

（6）单击"确定"按钮，完成设置，返回工作表。

实训 6 网络应用技术实训

项目 1 IE 10 浏览器的使用

【任务 1】某模拟网站的主页地址是：http://localhost/index.htm，打开此主页，浏览"等级考试"页面，查找"等级考试"的介绍页面内容并将它以文件的格式保存到考生文件夹下，命名为"DJKSJS.txt"。

操作步骤：

（1）在地址栏输入主页地址：http://1ocalhost/index.htm，按【Enter】键，如图 6-1 所示。

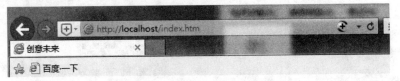

图 6-1　在地址栏中输入网页地址

（2）在主页上单击"等级考试"超链接，如图 6-2 所示。

图 6-2　选择"等级考试"页面

（3）在页面上查找"等级考试介绍"的超链接并单击，如图 6-3 所示。

（4）打开页面后，单击"文件"菜单下的"另存为"命令（如果 IE 浏览器未显示菜单栏，请在工具栏右击，选择"菜单栏"），如图 6-4 所示，在"保存网页"对话框中，保存位置选择考生文件夹，保存类型选择"文本文件"，在"文件名"框中输入"DJKSJS.txt"，单击"保存"按钮，如图 6-5 所示。

图 6-3　单击"等级考试介绍"超链接

图 6-4　在"文件"菜单中选择"另存为"命令

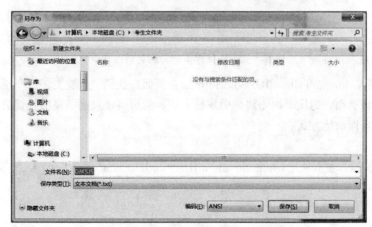

图 6-5　选择保存位置并命名后保存

【任务 2】打开 http://1ocalhost/ChanPinJieShao/WWY_WORDCDROM.htm 页面，找到图中文字为"展"的图片，将该照片保存至考生文件夹下，重命名为"展.jpg"。

操作步骤：

（1）在地址栏输入地 http://localhost/ChanPinJieShao/WY_WORDCDROM.htm，按【Enter】键，如图 6-6 所示。

图 6-6 在地址栏中输入网页地址

（2）打开页面后，在页面上查找图中文字为"展"的图片。

（3）右击图片，选择"图片另存为"命令，如图 6-7 所示。在"保存图片"对话框中，保存位置选择考生文件夹，保存类型选择"JPEG（*.jpg）"，在"文件名"组合框中输入"展.jpg"，单击"保存"按钮，如图 6-8 所示。

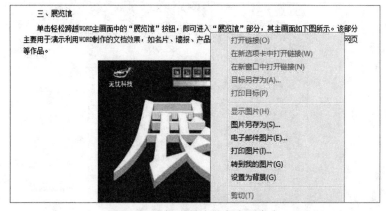

图 6-7 选择"图片另存为"命令

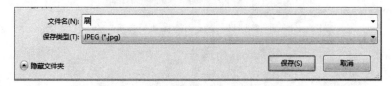

图 6-8 选择保存位置并命名后保存

【任务 3】浏览 http://localhost/DJKS/CarIntro.htm 页面，找到"查看更多汽车品牌标志"超链接，打开并浏览该页面，为该页面创建桌面快捷方式，然后将该页面的桌面快捷方式保存到考生文件夹，并删除桌面快捷方式。

操作步骤：

（1）在地址栏输入主页地址：http://localhost/DJKS/CarIntro.htm，按【Enter】键，如图 6-9 所示。

图 6-9 在地址栏中输入网页地址

（2）在主页上单击"查看更多汽车品牌标志"超链接。

（3）在打开的 IE 窗口中选择"工具"|"工具栏"|"菜单栏"命令（IE11 以上版本则直接在标题栏处右击，选择"菜单栏"命令）。

（4）选择"文件"|"发送"|"桌面快捷方式"命令，如图 6-10 所示。

（5）回到桌面，选择页面快捷方式，右击，选择"剪切"命令。

（6）打开考生文件夹，右击，选择"粘贴"命令。

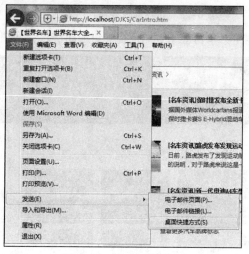

图 6-10　发送快捷方式

【任务 4】浏览 http://localhost/index.htm 页面，单击不同的超链接进入子页面详细浏览。将子页面一、子页面二和子页面三分别以"1.htm""2.htm""3.htm"形式保存到考生文件夹下。

操作步骤：

（1）在地址栏输入主页地址：http：//localhost/index.htm，按【Enter】键，如图 6-11 所示。

图 6-11　在地址栏中输入网页地址

（2）在主页上单击"等级考试"超链接或其他子页面的超链接。

（3）打开页面后，选择"文件"|"另存为"命令，在"保存网页"对话框中保存位置选择考生文件夹，保存类型选择"网页，全部（*.htm，*htm()"选项，在"文件名"组合框中输入"1"，单击"保存"按钮，如图 6-12 所示。

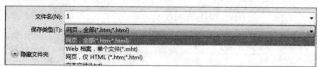

图 6-12　网页保存类型

（4）按照第（2）步和第（3）步的方法，再保存"2.htm"和"3.htm"。

【任务 5】打开 http://sports.sina.com.cn/页面浏览，在页面上找到中超、山东鲁能比赛介绍的超链接，将整个网页以"山东鲁能比赛介绍"为文件名下载，另存到"D:\我的文档"文件夹中。

操作步骤：

（1）打开 Internet Explorer。

（2）在地址栏中输入 http://sports.sina.com.cn/，按【Enter】键确认，如图 6-13 所示。

图 6-13　在地址栏中输入网页地址

（3）在打开的网页中浏览，单击山东鲁能比赛介绍的超链接，如图 6-14 所示。

图 6-14　打开网页

（4）单击地址栏右侧的█按钮，选择"文件"|"另存为"命令，如图 6-15 所示。

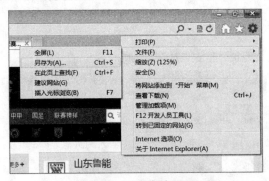

图 6-15　下载保存设置

（5）弹出"另存为"对话框。在"保存在"下拉列表框中选择"D:\我的文档"文件夹，在"文件名"组合框中输入"山东鲁能比赛介绍"，在"保存类型"下拉列表框中选择"网页，全部（*.htm;*.html()）"选项，单击"保存"按钮，如图 6-16 所示。

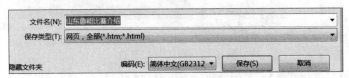

图 6-16　"另存为"设置

【任务 6】打开 http://localhost/chanpinjieshao/wy_1w.htm 页面浏览，在考生文件夹下新建文本文件"模拟软件.txt"，将页面中的"全国计算机等级考试超级模拟软件一级 WINDOWS"正文部分复制到"模拟软件.txt"中保存,并将模拟软件的外观图片保存到考生文件夹下,命名为 Super.jpg,找到该产品操作方法介绍文档超链接,下载保存到考生文件夹,命名为 ProductIntro.doc。

操作步骤:

(1)在考生文件夹中新建文本文件"模拟软件.txt"。

(2)打开 Internet Explorer,在地址栏中输入 http://localhost/chanpinjieshao/wy_1w.htm,按【Enter】键确认。

(3)在网页中,选择"全国计算机等级考试超级模拟软件一级 WINDOWS"正文部分并右击,在弹出的快捷菜单中选择"复制"命令,打开考生文件夹中的"模拟软件.txt",选择"粘贴"命令,选择"文件"|"保存"命令。

(4)将鼠标指针指向模拟软件的外观图片并右击,在弹出的快捷菜单中选择"另存为"命令,以 Super.jpg 为文件名将图片保存到考生文件夹,如图 6-17 所示。

图 6-17 图片另存

(5)单击图片下方的"操作方法:请单击此处"超链接,在弹出的提示框中选择"保存"|"另存为"命令,以 ProductIntro.doc 为文件名保存到考生文件夹中,如图 6-18 所示。

图 6-18 通过文档链接下载保存

【任务 7】打开 http://localhost/index_renzhengks.htm 页面，单击"认证考试各科的合格分数要求"超链接，在各科合格分数要求表中找到"考试号码"为"70-015"的考试时间，将时间记录在文本文件 time.txt 中，放置在考生文件夹内。

操作步骤：

（1）打开 Internet Explorer，在地址栏中输入 http://localhost/index_renzhengks.htm，按【Enter】键。

（2）在图 6-19 所示的网页中单击"认证考试各科的合格分数要求"超链接。

图 6-19　打开页面

（3）打开图 6-20 所示网页，找到"考试号码""70-015"，选择考试时间"120 分钟"，按【Ctrl+C】组合键复制。

图 6-20　选择考试时间

（4）在考生文件夹中新建文本文件 time.txt，并打开文件，选择"编辑"|"粘贴"命令，然后选择"文件"|"保存"命令，如图 6-21 所示。

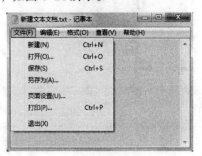

图 6-21　在记事本中保存

【任务 8】浏览 http:// www.exam8.com/页面，将 IE 主页设置成"使用当前页"。在考生文件夹中新建文本文件"msn.txt"。然后重启 IE，将网页的地址 URL 复制到"msn.txt"中并保存。

操作步骤：

（1）打开 Internet Explorer，在地址栏中输入 http://www. exam8.com/，按【Enter】键。

（2）打开页面后，单击地址栏右侧的 按钮，选择"Internet 选项"命令，弹出"Internet 选项"对话框，如图 6-22 所示，在"常规"选项卡中的"主页"选项区域，单击"使用当前页"按钮后，单击"确定"按钮。

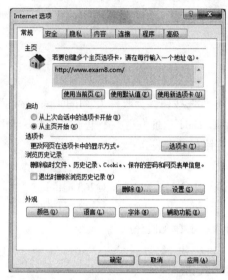

图 6-22 "Internet 选项"对话框

（3）在考生文件夹下，选择"文件"|"新建"|"文本文档"命令，输入文件名"msn.txt"，并打开该文本文件。

（4）重新打开 IE 浏览器，选中地址栏中的地址，选择"编辑"|"复制"命令。

（5）切换到打开的文本文件"msn.txt"，选择"编辑"|"粘贴"命令，最后选择"文件"|"保存"命令。

项目 2 使用 Outlook Express 接收和发送邮件

【任务 1】向课题组成员小王和小李发 E-mail（需单独分别发送），具体内容为："定于本星期三上午在会议室开课题讨论会，请准时出席"，主题填写"通知"。这两位的电子邮件地址分别为：wangwb@mail.jmdx.edu.cn 和 ligf@home.com。

操作步骤：

（1）单击"新建电子邮件"按钮。

（2）在收件人处输入收件人的邮件地址"wangwb@mail.jmdx.edu.cn"。

（3）在主题处输入"通知"。

（4）在正文处输入：定于本星期三上午在会议室开课题讨论会，请准时出席。

（5）单击"发送"按钮，如图 6-23 所示。

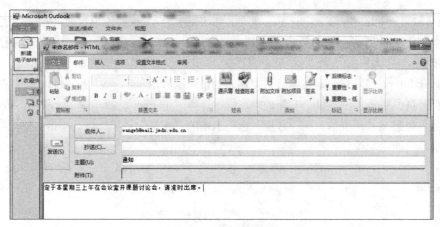

图 6-23　新建电子邮件

（6）再次单击"新建电子邮件"按钮，为收件人"ligf@home.com"发送新邮件。

【任务 2】同时向下面两个 E-mail 地址发送一个电子邮件（不准用抄送），并将考生文件夹下的一个 Word 文档 table.doc 作为附件一起发送。

具体要求如下：

收件人 E-mail 地址：wurj@bj163.com 和 kuohq@263.net.cn。

主题：统计表。

函件内容：发去一个统计表，具体见附件。

操作步骤：

（1）单击"新建电子邮件"按钮。

（2）在收件人处依次输入收件人的邮件地址"wurj@bj163.com""kuohg@263.net.cn"，中间以分号"，"隔开。

（3）在主题处输入"统计表"。

（4）在正文处输入：发去一个统计表，具体见附件。

（5）单击"附加文件"按钮，选择考生文件夹下的文件"table.doc"，如图 6-24 所示。

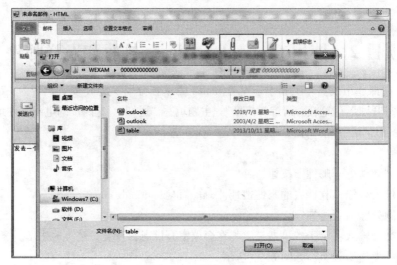

图 6-24　添加附件

（6）单击"发送"按钮，如图 6-25 所示。

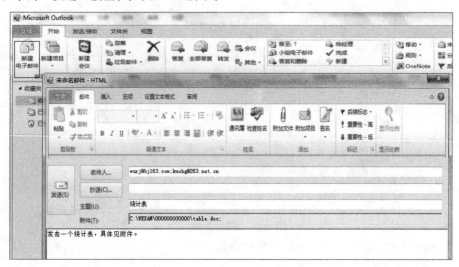

图 6-25　新建电子邮件并发送

【任务 3】给同学孙冉发邮件，E-mail 地址是：sunshine9960@gmail.com，主题为：鲁迅的文章，正文为：孙冉，你好，你要的两篇鲁迅作品在邮件附件中，请查收。将考生文件夹下的文件"LuXun1.txt"和"LuXun2.txt"粘贴至邮件附件中。发送邮件。

操作步骤：

（1）单击"新建电子邮件"按钮。

（2）在收件人处输入收件人的邮件地址"sunshine9960@gmail.com"。

（3）在主题处输入"鲁迅的文章"。

（4）在正文处输入"孙冉，你好，你要的两篇鲁迅作品在邮件附件中，请查收。"，如图 6-26 所示。

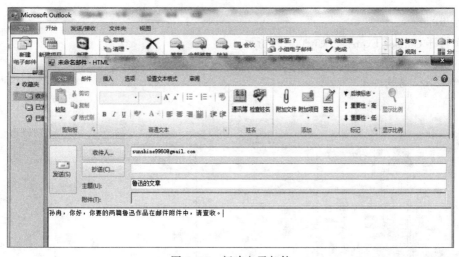

图 6-26　新建电子邮件

（5）单击"附加文件"按钮，选择考生文件夹下的文件"LuXun1.txt"和"LuXun2.txt"，如图 6-27 和图 6-28 所示。

图 6-27　添加附件 1

图 6-28　添加附件 2

（6）单击"发送"按钮。

【任务 4】接收并阅读由 bigblue_beijing@yahoo.com 发来的 E-mail，并按 E-mail 中的指令完成操作。

操作步骤：

（1）打开 Outlook Express，如图 6-29 所示。

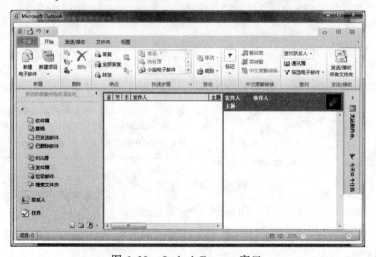

图 6-29　Outlook Express 窗口

（2）单击 按钮，查看"收件箱"中的邮件，如图 6-30 所示。

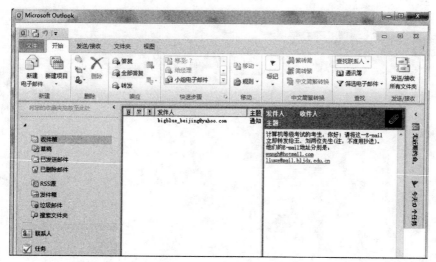

图 6-30　"收件箱"窗口

（3）双击 bigblue_beijing@yahoo.com 邮件，查看邮件内容。

（4）单击 转发按钮，弹出转发邮件窗口。

（5）在"收件人"文本框中输入 wangh@hotmail.com 和 liuwe@mail.hljdx.edu.cn 邮件地址，地址之间用"，"分隔，如图 6-31 所示。

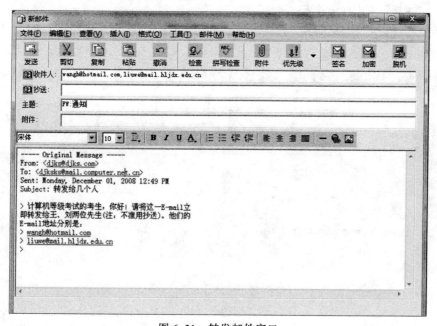

图 6-31　转发邮件窗口

（6）单击"发送"按钮 。

【任务 5】发送邮件至 switchzoony@hotmail.com，主题为咨询，邮件内容为"您好，我想咨询本次培训的具体时间和报名方法，盼复！"。

操作步骤：

（1）单击 Outlook Express 窗口的 ▣ 按钮，弹出新邮件窗口，如图 6-32 所示。

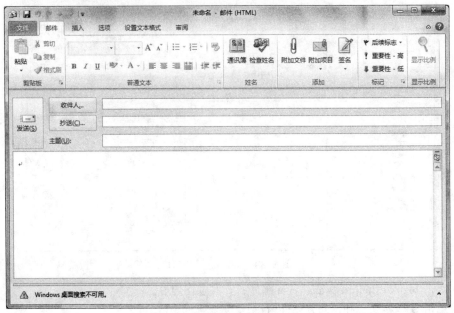

图 6-32　新邮件窗口

（2）在"收件人"文本框中输入 switchzoony@hotmail.com。

（3）在"主题"文本框中输入"咨询"。

（4）在"邮件正文"区域输入"您好，我想咨询本次培训的具体时间和报名方法，盼复！"，如图 6-33 所示。

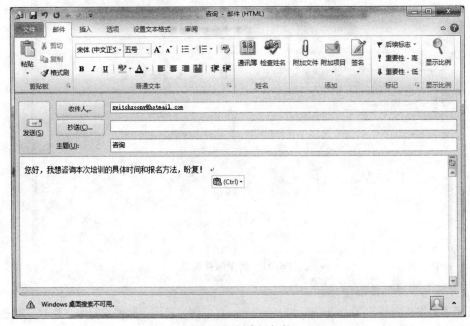

图 6-33　创建新邮件

（5）单击"发送"按钮。

【任务 6】向朋友李富仁先生发一个 E-mail，并将考生文件夹下的图片文件 Lzmj.jpg 作为附件一起发出。具体要求如下：

收件人：lifr@mail.njhy.edu.cn。

抄送：无。

主题：风景照片。

函件内容：

李先生：把西藏旅游时照的一幅风景照片寄给你，请欣赏。

要求：使用"简体中文(GB2312)"。

操作步骤：

（1）打开新邮件窗口，在"收件人"文本框中输入 lifr@mail.njhy.edu.cn。

（2）在"主题"文本框中输入"风景照片"。

（3）在"邮件正文"区域输入"李先生：把西藏旅游时照的一幅风景照片寄给你，请欣赏。"

（4）单击 🔗 按钮，在"插入文件"对话框中选择"Lzmj.jpg"文件，单击"插入"按钮，如图 6-34 所示。

图 6-34　"插入文件"对话框

（5）选择"格式"|"编码"|"简体中文（GB2312）"命令，如图 6-35 所示。

（6）单击"发送"按钮。

【任务 7】接收并阅读由 ks@163.net 发来的 E-mail，然后转发给张刚。张刚的 E-mail 地址为 Zhangg@pc.home.cn。

要求：使用"简体中文（GB2312）"。

操作步骤：

（1）单击"接收邮件"按钮。

（2）选择 ks@163.net 发来的邮件，单击"转发"按钮。

（3）在新邮件窗口中的"收件人"文本框中输入 Zhangg@pc.home.cn。

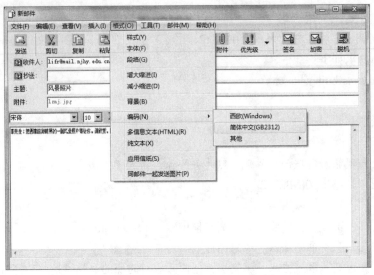

图 6-35　创建新邮件并设置格式

（4）选择"格式"|"编码"|"简体中文（GB2312）"命令，单击"发送"按钮。

【任务 8】向部门经理王强发送一个电子邮件，并将考生文件夹下的一个 Word 文档 plan.doc 作为附件一起发出，同时抄送给总经理扬先生。具体要求如下：

收件人：wangq@bj163.com。

抄送：liuy@263.net.cn。

主题：工作计划。

函件内容：发去全年工作计划草案，请审阅。具体计划见附件。

要求：使用"简体中文(GB2312)"。

邮件发送格式：多信息文本（HTML）。

操作步骤：

（1）在新邮件窗口的"收件人"文本框中输入 wangq@bj163.com。

（2）在"主题"文本框中输入"工作计划"。

（3）在"抄送"文本框中输入 liuy@263.net.cn。

（4）输入邮件内容。

（5）选择"格式"|"编码"|"简体中文（GB2312）"命令。

（6）选择"格式"|"多信息文本（HTML）"命令，单击"发送"按钮。

【任务 9】接收来自 xuexq@mail.neea.edu.cn 的邮件，将邮件中的附件以"附件.zip"保存在考生文件夹下，并回复该邮件。具体要求如下：

主题：收到。

正文内容：收到邮件，附件已看到，祝好！

操作步骤：

（1）打开 Outlook Express。

（2）单击"发送/接收"按钮，查看"收件箱"。

（3）单击 xuexq@mail.neea.edu.cn 邮件，查看邮件内容，如图 6-36 所示。

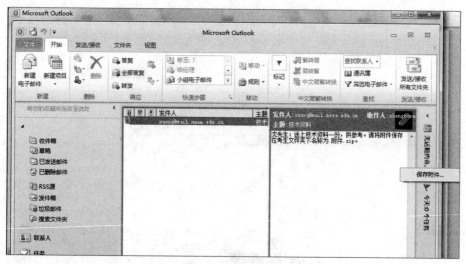

图 6-36 "收件箱"窗口

（4）单击"附件"按钮，选择"保存附件"命令，如图 6-37 所示。

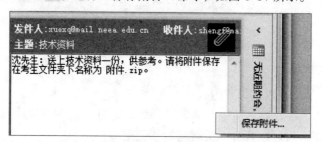

图 6-37 选择"保存附件"命令

（5）弹出"另存为"对话框，选择考生文件夹，文件名改为"附件.zip"，单击"保存"按钮。

（6）单击"收件箱"窗口中的"答复"按钮，弹出新邮件窗口。

（7）在"主题"文本框中输入"收到"。

注 意

回复邮件时，"收件人"文本框中的收件人地址已存在，无须输入。

（8）在"邮件正文"区域输入"收到邮件，附件已看到，祝好!"，单击"发送"按钮。

附录 A　Office 综合实训

一、实训目的

（1）熟练利用 Word 进行文档的编辑与排版。

（2）熟练利用 Excel 进行表格的编辑、排版、数据分析及图表制作。

（3）熟练利用 PowerPoint 进行演示文稿的编辑、排版、动画、放映设置等。

二、实训内容

1．Word 编辑与排版

（1）打开 Word 2010，输入以下内容：

站在川流不息的十字路口，回望那遥远的尽头，走过的是心情和风景，留下的是记忆。人海茫茫，多少次擦肩而过，若有一次邂逅，那就是缘分。

风速飞驰的列车，不知哪节车厢里还留着你的身影，在静候，在等待。曾经的温情，记忆虽然有些淡然，有些斑驳。往事，如徐风中的云烟，若隐若现，或左或右，或上或下，总在悠悠地漂浮，若要点燃，依然会有熊熊的火焰在燃烧。既然不能忘却，那就把你的模样，你的名字，你的所有，铭刻在灵魂深处，直至永远。你若要问："永远有多远？"其实永远并不遥远，人生苦短，就是生命的尽头，到那时，你可否与我化蝶成双影，饮露品粉茗。翩跹于尘世。

记忆的引擎在搜索，那一段段甜蜜的往事，一幅幅温馨的画面。我把它装订成册，然后做成馨香的风铃，悬挂于眼前，随风漫漫转动，暗香也阵阵流动，每一个画面场景都会让我激动不已，潸然泪下，仿佛就如昨日。

记忆的闸门一直是敞开的，有时像涓涓细流在流淌，有时像淙淙的泉水叮咚，叮咚响个不停，而有时却像潮水般澎湃激昂，让人撕心，让人裂肺。

（2）给文章添加标题："零碎的记忆"，将标题设为楷体、二号、加粗、红色、居中、浅绿 1.5 磅细线边框，加红色双实线下画线。

（3）将正文字体设置为华文行楷、三号，将第一段中所有的"是"字加粗，字体为蓝色。将第二段的"往事"二字加拼音，对齐方式为 0-1-0，偏移 2 磅，字号为 10。

（4）在正文第一段开始插入一张剪贴画，要求在剪贴画窗口搜索"计算机"，选择搜索结果中第一张名为"computers"的剪贴画，并将环绕方式设置为"四周型"，左对齐。

剪贴画高 2 厘米，宽 2 厘米，形状填充为"深蓝，文字 2，淡色 60%"，形状轮廓为粗细 1.5 磅，红色。

（5）第二段分为三栏，第一栏宽为 3 厘米，第二栏宽为 4 厘米，栏间距均为 0.75 厘米，栏间加分隔线。第二段填充灰色–25%底纹。

（6）第三、四段所有格式均清除，只保留文字内容。

（7）将第三段引用明显参考样式，段前二行，段后 1.5 行，将第三段文字的第一句话的文本效果设为"填充，白色，渐变轮廓，强调文字颜色 1"。将第二句话的第一个字设置为带圈字符，样式为圆圈，增大圈号。

（8）将第四段的前五个字加上拼音，最后一句话设置双行合并效果，并添加–15%的灰色底纹。

（9）在第三段和第四段之间添加一行艺术字，内容为"计算机基础训练题"，艺术字样式为：渐变填充，蓝色，强调文字 1，轮廓，白色；将艺术字形状样式设为：细微效果，红色，强调颜色 2；将艺术字文本效果设为倾斜右上，棱台为十字形，环绕方式为四周型。

（10）第四段段前 1 行，段后 1 行，行间距为 30 磅。

（11）为文章添加一个传统型页眉，内容为"考试"，居中，日期为系统当前日期，日期字体格式为：黑体，红色。页眉顶端距离为 3 厘米。

（12）为文章插入一个堆积型封面，标题为"WORD2010 练习题"，副标题为"12013班练习题"，作者为自己的姓名。将封面的布局设为居中，标题采用标题样式，副标题采用副标题样式。

（13）将第四段中的"闸门"二字添加一个批注，内容为"此处为比喻"。

（14）将第四段中所有"有时"二字转换为繁体字，然后利用"字数统计"功能统计全文共有多少字符，将结果放置于文章最后。

2. Excel 编辑、排版与数据统计

（1）打开 Excel 2010，在"Sheet1"中输入以下内容：

职工工资表

月份：12 月　制表日期：2019–7–30

姓名 李明 邓超 周超 张强 赵军 王威 李红 刘丽 合计

出生日期 1980–8–3 1982–7–23 1979–3–12 1975–4–16 1983–8–10 1985–6–15 1986–1–8

职称 高级工 中级工 高级工 技师 技术员 技术员 技术员 基本工资

补贴 2200 2000 2260 2800 1920 2760 1800 1780 1600 1300 1700 2000 1100 2100 1200 980

奖金 1800 1600 2100 2300 1850 1580 1200 980

扣款 200 150 220 0 0 300 400 0 0

合计

（2）标题：楷体、14 磅、跨列居中，底纹：深蓝色，字体颜色：白色，表头：楷体 12 磅。

（3）设置表格框线，外粗内细。

（4）添加批注：为"李红"的扣款值单元格添加批注"两个月合计扣款"。

（5）重命名工作表：将 Sheet1 工作表重命名为"职工工资统计表"。

（6）使用公式计算每人的合计工资及各金额项合计。

（7）复制"职工工资表"内容到 Sheet2 表中，以"资金"降序对工作表进行排序。

（8）复制"职工工资表"内容到 Sheet3 表中，以"职称"为关键字进行分类汇总。

（9）新建工作表，复制"职工工资表"内容到 Sheet4 表中，筛选奖金大于或等于 200 元的记录。

（10）以"姓名、基本工资、合计"为数据源制作"三维簇状柱形图"，图表标题为"工资"，位置在图表上方。

3．PowerPoint 综合练习

（1）打开 PowerPoint 2010，新建一张幻灯片，版式为"标题幻灯片"，标题内容为"PPT 综合练习"，设置为黑体、72；副标题为"PowerPoint 2010"，设置为宋体、28、倾斜。

（2）新建第二张幻灯片，版式为"仅标题"，标题内容为"文本框练习"，设置为隶书、36，分散对齐，将标题设置为"左侧飞入"动画效果，并伴有"打字机"声音。

（3）新建第三张幻灯片，版式为"空白"，插入艺术字"自定义动画练习"（选择"艺术字库"中第四行第三列样式），设置为隶书、72。将艺术字设置为"从底部飞入"效果，并伴有"爆炸"声音。

（4）新建第四张幻灯片，版式为"空白"，插入一张图片（自行决定），图片的动画效果设置为"劈裂"。

（5）新建第五张幻灯片，版式为"空白"，插入文本框，内容为"PPT 2010 综合练习结束"，设置为微软雅黑、72，背景填充为"新闻纸"纹理效果。

（6）将所有幻灯片的切换方式设置为"每隔 6 秒"换页，并插入编号和自动更新的日期。

（7）将所有幻灯片插入页脚，内容为"计算机一级练习题"。

（8）给所有幻灯片应用主题为"图钉"。

（9）演示文稿放映方式设置为"在展台浏览（全屏幕）"，循环放映。

（10）将演示文稿保存为 PDF 格式，并打包。

基 本 要 求

1. 具有微型计算机的基础知识（包括计算机病毒的防治常识）。
2. 了解微型计算机系统的组成和各部分的功能。
3. 了解操作系统的基本功能和作用，掌握 Windows 的基本操作和应用。
4. 了解文字处理的基本知识，熟练掌握文字处理 MS Word 的基本操作和应用，熟练掌握一种汉字（键盘）输入方法。
5. 了解电子表格软件的基本知识，掌握电子表格软件 Excel 的基本操作和应用。
6. 了解多媒体演示软件的基本知识，掌握演示文稿制作软件 PowerPoint 的基本操作和应用。
7. 了解计算机网络的基本概念和因特网（Internet）的初步知识，掌握 IE 浏览器软件和 Outlook Express 软件的基本操作和使用。

考 试 内 容

一、计算机基础知识

1. 计算机的发展、类型及其应用领域。
2. 计算机中数据的表示、存储与处理。
3. 多媒体技术的概念与应用。
4. 计算机病毒的概念、特征、分类与防治。
5. 计算机网络的概念、组成和分类；计算机与网络信息安全的概念和防控。
6. 因特网网络服务的概念、原理和应用。

二、操作系统的功能和使用

1. 计算机软、硬件系统的组成及主要技术指标。
2. 操作系统基本概念、功能、组成及分类。
3. Windows 操作系统的基本概念和常用术语，文件、文件夹、库等。
4. Windows 操作系统的基本操作和应用：
（1）桌面外观的设置，基本的网络配置。
（2）熟练掌握资源管理器的操作与应用。

（3）掌握文件、磁盘、显示属性的查看、设置等操作。

（4）中文输入法的安装、删除和选用。

（5）掌握检索文件、查询程序的方法。

（6）了解软、硬件的基本系统工具。

三、文字处理软件的功能和使用

1. Word 的基本概念，Word 的基本功能和运行环境，Word 的启动和退出。

2. 文档的创建、打开、输入、保存等基本操作。

3. 文本的选定、插入与删除、复制与移动、查找与替换等基本编辑技术；多窗口和多文档的编辑。

4. 字体格式设置、段落格式设置、文档页面设置、文档背景设置和文档分栏等基本排版技术。

5. 表格的创建、修改；表格的修饰；表格中数据的输入与编辑；数据的排序和计算。

6. 图形和图片的插入；图形的建立和编辑；文本框、艺术字的使用和编辑。

7. 文档的保护和打印。

四、电子表格软件的功能和使用

1. 电子表格的基本概念和基本功能，Excel 的基本功能、运行环境、启动和退出。

2. 工作簿和工作表的基本概念和基本操作，工作簿和工作表的建立、保存和退出；数据输入和编辑；工作表和单元格的选定、插入、删除、复制、移动；工作表的重命名和工作表窗口的拆分和冻结。

3. 工作表的格式化，包括设置单元格格式、设置列宽和行高、设置条件格式、使用样式、自动套用模式和使用模板等。

4. 单元格绝对地址和相对地址的概念，工作表中公式的输入和复制，常用函数的使用。

5. 图表的建立、编辑和修改以及修饰。

6. 数据清单的概念，数据清单的建立，数据清单内容的排序、筛选、分类汇总，数据合并，数据透视表的建立。

7. 工作表的页面设置、打印预览和打印，工作表中超链接的建立。

8. 保护和隐藏工作簿和工作表。

五、演示文稿软件的功能和使用

1. 中文 PowerPoint 的功能、运行环境、启动和退出。

2. 演示文稿的创建、打开、关闭和保存。

3. 演示文稿视图的使用，幻灯片基本操作（版式、插入、移动、复制和删除）。

4. 幻灯片基本制作（文本、图片、艺术字、形状、表格等插入及其格式化）。

5. 演示文稿主题选用与幻灯片背景设置。

6. 演示文稿放映设计（动画设计、放映方式、切换效果）。

7. 演示文稿的打包和打印。

六、因特网（Internet）的初步知识和应用

1. 了解计算机网络的基本概念和因特网的基础知识，主要包括网络硬件和软件，TCP/IP 协议的工作原理，以及网络应用中常见的概念，如域名、IP 地址、DNS 服务等。

2. 能够熟练掌握浏览器、电子邮件的使用和操作。

考 试 方 式

上机考试，考试时长 90 分钟，满分 100 分。

1. 题型及分值：

单项选择题（计算机基础知识和网络的基本知识）：20 分。

Windows 操作系统的使用：10 分。

Word 操作：25 分。

Excel 操作：20 分。

PowerPoint 操作：15 分。

浏览器（IE）的简单使用和电子邮件收发：10 分。

2. 考试环境：

操作系统：中文版 Windows 7。

考试环境：Microsoft Office 2010。

样　　题

一、选择题（20 分）

1. 下列存储器中属于内部存储器的是_____。

 A. CD–ROM   B. ROM   C. 软盘   D. 硬盘

2. 二进制数 011111 转换为十进制整数是_____。

 A. 64   B. 63   C. 32   D. 31

3. 磁盘上的磁道是_____。

 A. 一组记录密度不同的同心圆

 B. 一组记录密度相同的同心圆

 C. 一条阿基米德螺旋线

 D. 两条阿基米德螺旋线

4. 一个计算机操作系统通常应具有_____。

 A. CPU 的管理、显示器管理、键盘管理、打印机和鼠标管理等五大功能

 B. 硬盘管理、软盘驱动器管理、CPU 的管理、显示器管理和键盘管理等五大功能

 C. 处理器（CPU）管理、存储管理、文件管理、输入/输出管理和作业管理五大功能

 D. 计算机启动、打印、显示、文件存取和关机等五大功能

5. 用高级程序设计语言编写的程序称为_____。

 A. 源程序   B. 应用程序

  C. 用户程序   D. 实用程序

6. 在计算机内部用来传送、存储、加工处理的数据或指令都是以_____形式进行的。

  A. 十进制码   B. 二进制码

  C. 八进制码   D. 十六进制码

7. 调制调解器（Modem）的作用是_____。

  A. 将计算机的数字信号转换成模拟信号

  B. 将模拟信号转换成计算机的数字信号

  C. 将计算机的数字信号和模拟信号互相转换

  D. 为了上网与接电话两不误

8. 1 MB 的准确数量是_____。

  A. 1 024 × 1 024 words   B. 1 024 × 1 024 Bytes

  C. 1 000 × 1 000 Bytes   D. 1 000 × 1 000 words

9. 假设给定一个十进制整数 D，转换成对应的二进制整数 B，那么就这两个数字的位数而言，B 与 D 相比，_____。

  A. B 的位数大于 D   B. D 的位数大于 B

  C. B 的位数大于等于 D   D. D 的位数大于等于 B

10. 3.5 英寸双面高密盘片的存储容量为_____。

  A. 720 KB   B. 1.2 MB   C. 1.44 MB   D. 2.8 MB

11. 下列关于世界上第一台电子计算机 ENIAC 的叙述中，_____是不正确的。

  A. ENIAC 是 1946 年在美国诞生的

  B. 它主要采用电子管和继电器

  C. 它首次采用存储程序和程序控制使计算机自动工作

  D. 它主要用于弹道计算

12. 已知字符 A 的 ASCII 码是 01000001B，字符 D 的 ASCII 码是_____。

  A. 01000011B   B. 01000100B

  C. 01000010B   D. 01000111B

13. 计算机中采用二进制数字系统是因为它_____。

  A. 代码短，易读，不易出

  B. 容易表示和实现，运算规则简单，可节省设备，便于设计且可靠

  C. 可以精确表示十进制小数

  D. 运算简单

14. 对计算机软件正确的态度是_____。

  A. 计算机软件不需要保护

  B. 计算机软件只要能得到就不必购买

  C. 计算机软件可以随便复制

  D. 软件受法律保护，不能随意盗版

15. 微型计算机的主机由 CPU、_____构成。

  A. RAM   B. RAM、ROM 和硬盘

  C. RAM 和 ROM   D. 硬盘和显示器

16. 目前微机中所广泛采用的电子元器件是＿＿＿＿＿。

    A. 电子管　　　　　　　　　　　B. 晶体管

    C. 小规模集成电路　　　　　　　D. 大规模和超大规模集成电路

17. 十进制数 101 转换成二进制数是＿＿＿＿＿。

    A. 01101001　　　　　　　　　　B. 01100101

    C. 01100111　　　　　　　　　　D. 01100110

18. 编译程序的最终目标是＿＿＿＿＿。

    A. 发现源程序中的语法错误

    B. 改正源程序的语法错误

    C. 将源程序编译成目标程序

    D. 将某一高级语言程序翻译成另一高级语言程序

19. 下列既属于输入设备又属于输出设备的是＿＿＿＿＿。

    A. 软盘片　　　　　　　　　　　B. CD-ROM

    C. 内存储器　　　　　　　　　　D. 软件驱动器

20. 下列存储器中属于外部存储器的是＿＿＿＿＿。

    A. ROM　　　　　B. RAM　　　　　C. Cache　　　　　D. 硬盘

二、基本操作题（10 分）

Windows 基本操作题，不限制操作的方式。

注　意

下面出现的"考生文件夹"均为 C:\WEXAM\00000000。

****** 本题型共有 5 小题 ******

（1）在考生文件夹下分别建立 KANG1 和 KANG2 两个文件夹。

（2）将考生文件夹下 MING.FOR 文件复制到 KANG1 文件夹中。

（3）将考生文件夹下 HWAST1 文件夹中的文件 XIAN1.TXT 重命名为 YANG.TXT。

（4）搜索考生文件夹中的 FUNC.WRI 文件，然后将其设置为"只读"属性。

（5）为考生文件夹下 SDTA\LOU 文件夹建立名为 KLOU 的快捷方式，并存放在考生文件夹下。

三、文字处理题（25 分）

请在"答题"菜单下选择"文字处理"命令，然后按照题目要求再打开相应的命令，完成下面的内容，具体要求如下：

注　意

下面出现的所有文件都必须保存在考生文件夹[C:\WEXAM\00000000]下。

（1）在考生文件夹下，新建 WD141.DOC 文件，插入文件 WT141.DOC 的内容。将标题设置为三号，仿宋_GB2312，全部居中。存储为文件 WD141.DOC。

（2）在考生文件夹下新建 WD142.DOC 文件，插入文件 WD141.DOC 的内容。将正文部分各行的最后两个字加着重号，第一段文字加下画线（单线）；第二段文字加边框；第三段文字设置为空心；第四段文字设置阴影。存储为文件 WD142.DOC。

（3）在考生文件夹下新建 WD143.DOC 文件，建立 5 行 4 列表格，列宽 2.6 厘米，行高 0.7 厘米，表格边框为 $1\frac{1}{2}$ 磅实线，表内线 1 磅实线，存储为文件 WD143.DOC。

（4）在考生文件夹下新建 WD144.DOC 文件，插入文件 WT142.DOC 的内容。将表格中的所有文字居中，所有数字右对齐，按"总产值"降序排序，合计一行仍保持在最下。存储为文件 WD144.DOC。

四、演示文稿题（15 分）

打开考生文件夹下的演示文稿 yswg.pptx，按照下列要求完成对此文稿的修饰并保存。

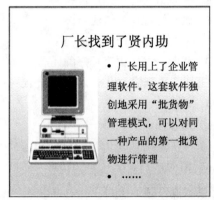

（1）将第二张幻灯片版式改变为"标题，内容与文本"，文本部分的动画效果设置为"向内溶解"；在演示文稿的开始处插入一张"仅标题"幻灯片，作为文稿的第一张幻灯片，标题输入"家电价格还会降吗？"，设置为：加粗、66 磅。

（2）将第一张幻灯片背景填充预设颜色为"麦浪滚滚"，底纹样式为"线性向下"。全部幻灯片的切换效果设置为"形状"。

五、电子表格题（20 分）

请在"答题"菜单下选择"电子表格"命令，然后按照题目要求在打开相应的命令，完成下面的内容，具体要求如下：

> **注　意**
>
> 下面出现的所有文件都必须保存在考生文件夹[C:\WEXAM\00000000]下。

（1）在考生文件夹下打开 EXCEL.XLS 文件，将 Sheet1 工作表的 A1:D1 单元格合并为一个单元格，内容水平居中；计算历年销售量的总计和所占比例列的内容（百分比型，保留小数点后两位）；按递减次序计算各年销售量的排名（利用 RANK 函数）；对 A7:D12 的数据区域，按主要关键字各年销售量的升序次序进行排序；将 A2:D13 区域格式设置为自动套用格式"序列 1"，将工作表命名为"销售情况表"；保存 EXCEL.XLS 文件。

（2）选取"销售情况表"的 A2:B12 数据区域，建立"带数据标记的堆积折线图"，图表标题为"销售情况统计图"，图例位置靠上，设置 Y 轴刻度最小值为 5 000，主要刻度单位为 10 000，分类（X 轴）交叉于 5 000；将图插入表的 A15:E29 单元格区域内，保存 EXCEL.XLS 文件。

六、网络题（10 分）

请在"答题"菜单上选择相应的命令，完成下面的操作：

─ 注　意 ─

下面出现的所有文件都必须保存在考生文件夹[C:\WEXAM\00000000]下。

（1）接收来自班长的邮件，主题为"通知"，转发给同学小刘，他的 E-mail 地址是 IronLiu9968@163.com。

（2）打开 http://localhost/ChanPinJieShao/WY_1W.htm 页面浏览，在考生文件夹下新建文本文件"模拟软件.txt"，将页面中的全国计算机等级考试超级模拟软件—级 WINDOWS 正文部分复制到"模拟软件.txt"中保存，并将模拟软件的外观图片保存到考生文件夹下，文件名为 Super.jpg。

考试考生须知界面如图 C-1 所示。

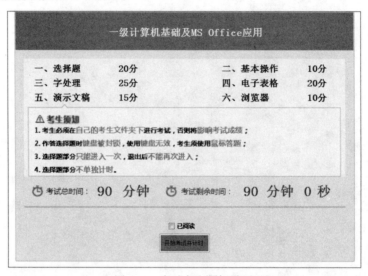

图 C-1　考试考生须知界面

考试项目界面如图 C-2 所示。

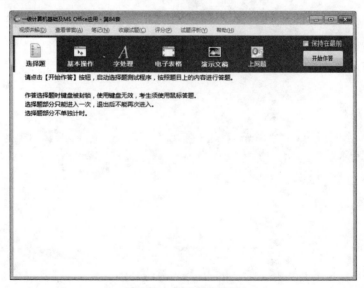

图 C-2　考试项目界面

考试评分界面如图 C-3 所示。

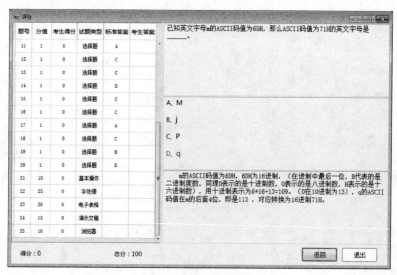

图 C-3　考试评分界面